北部湾生态保护文库

核电影响海域红树林生态监测与评价技术体系

何斌源　赖廷和　主编

广西科学技术出版社
·南宁·

图书在版编目（CIP）数据

核电影响海域红树林生态监测与评价技术体系 / 何斌源，赖廷和主编 . —南宁：广西科学技术出版社，2024.4

ISBN 978-7-5551-2174-9

Ⅰ.①核… Ⅱ.①何… ②赖… Ⅲ.①核电厂—排水—影响—红树林—森林生态系统—研究 Ⅳ.① X822.7 ② S796

中国国家版本馆 CIP 数据核字（2024）第 066608 号

HEDIAN YINGXIANG HAIYU HONGSHULIN SHENGTAI JIANCE YU PINGJIA JISHU TIXI
核电影响海域红树林生态监测与评价技术体系

何斌源　赖廷和　主编

责任编辑：罗　风	责任校对：苏深灿
装帧设计：梁　良	责任印制：韦文印
出 版 人：梁　志	出版发行：广西科学技术出版社
社　　址：广西南宁市东葛路66号	邮政编码：530023
网　　址：http://www.gxkjs.com	编辑部电话：0771-5880461
印　　刷：广西民族印刷包装集团有限公司	

开　　本：787 mm × 1092 mm　1/16			
字　　数：290千字		印　　张：14	
版　　次：2024年4月第1版		印　　次：2024年4月第1次印刷	
书　　号：ISBN 978-7-5551-2174-9			
定　　价：168.00 元			

编委会

内容简介

　　本书是一部详尽介绍核电影响海域红树林生态监测与评价技术体系的专著。本书以防城港核电厂三期温排水影响海域红树林为研究案例，从决定红树林生存发展的主要因素着手，筛选了生态监测和评价指标，调查获取红树林资源及其生境、生态系统所受影响、环境风险等方面的基线大数据，分析评价核电厂建设对红树林湿地生态影响的方式与程度，做出生态影响结论，提出减缓影响的保护措施，完整地演示了构建核电影响海域红树林生态监测与评价技术体系的方向、路径和结果。

　　本书可供生态学、海洋学、植物学、动物学等相关学科的科技工作者、学生，以及相关管理部门的工作人员参考使用。

序　言

　　红树林是热带、亚热带海岸带海陆交错区生产力最高的海洋生态系统之一，有力地支撑着全球热带、亚热带近海生物多样性和生态安全，在提升海洋碳汇增量、保护生物多样性、缓解全球气候变暖、降低风暴潮损失、提高海洋生产力、维持近海渔业资源、净化水体和空气、调节区域气候等方面具有很高的生态价值和经济价值。尽管人们已认识到红树林在海洋生态环境保护中的重要作用，但受人类活动的强烈干扰，全球范围内红树林面积锐减。在过去的 60 年间，全球超过三分之一的红树林已经消失，红树林面积以每年 0.2% ～ 1.0% 的速度在萎缩，其生态系统服务功能退化现象非常突出，红树林资源保护工作面临较大困难。

　　党中央、国务院和地方各级党委政府历来重视红树林保护，出台了多项文件和举措。2007 年前后，我国扭转了红树林面积减少的趋势，成为世界上少数几个红树林面积净增加的国家之一。习近平总书记 2017 年 4 月考察广西北海滨海国家湿地公园时指出，一定要尊重科学、落实责任，把红树林保护好。2023 年 4 月，习近平总书记在考察广东湛江红树林国家级自然保护区时，留下了"这片红树林是'国宝'，要像爱护眼睛一样守护好"的殷殷嘱托。近年来，我国东南、华南沿海地区陆续起草或发布了涉及红树林的保护条例、保护修复规划或计划等，积极贯彻落实党中央、国务院的战略部署。2020 年 8 月，自然资源部、国家林业和草原局印发了《红树林保护修复专项行动计划（2020—2025 年）》，计划到 2025 年，营造和修复红树林面积 18800 hm^2，包括营造红树林 9050 hm^2，修复现有红树林 9750 hm^2，其中，广西的任务是营造红树林 1000 hm^2，修复现有红树林 3500 hm^2。2020—2023 年，广西营造红树林面积近 800 hm^2，修复现有红树林面积超过 2200 hm^2，超额完成了专项行动计划的阶段性目标任务。随着海洋生态修复项目、重点区域生态保护和修复专项、占用补偿项目等红树林生态修复工程持续推进，广西 2025 年任务目标必将顺利达成。

　　随着我国国民经济的持续稳步发展，保障能源安全可靠供应、推进能源绿色低碳转型越来越受到国家的重视。2020 年 9 月 22 日，习近平主席在第七十五届联合国大会一般性辩论上宣布："中国将提高国家自主贡献力度，采取更加有力的政策和措施，二氧化碳排放力争于 2030 年前达到峰值，努力争取 2060 年前实

1

现碳中和。"在此后的气候雄心峰会上，我国宣布了更具体的目标：到 2030 年，中国单位国内生产总值二氧化碳排放将比 2005 年下降 65% 以上，非化石能源占一次能源消费比重将达到 25% 左右，森林蓄积量将比 2005 年增加 60 亿 m^3，风电、太阳能发电总装机容量将达到 12 亿 kW 以上。《中华人民共和国国民经济和社会发展第十四个五年规划和 2035 年远景目标纲要》指出，"安全稳妥推动沿海核电建设"。2023 年《政府工作报告》提出"推进能源清洁高效利用和技术研发，加快建设新型能源体系，提升可再生能源占比"。核能可大量提供能源，且不释放温室气体。在国际能源形势和全球气候变化日益严峻的今天，发展核能是我国重要的能源发展战略，是高质量发展的重要保障。

中广核防城港核电项目采用中国自主知识产权的"华龙一号"三代核电技术，是广西基荷电源和能源电力安全的重要保障力量。防城港核电项目规划建设 6 台百万千瓦级核电机组，一次规划，分期建设。2010 年 7 月 18 日，防城港核电一期工程获国务院核准，2016 年一期 1、2 号机组投产发电，截至 2022 年底，1、2 号机组累计上网清洁能源电量超 1000 亿 kW·h。2015 年 12 月 16 日，国务院常务会议核准防城港核电二期工程（3、4 号机组）"华龙一号"三代核电技术示范机组。广西壮族自治区人民政府在《广西能源发展"十三五"规划》的重点任务中强调"重点加快防城港红沙核电二期'华龙一号'示范项目建设"。3 号机组于 2015 年 12 月 24 日启动核岛浇筑，2022 年 12 月 24 日首次装料，2023 年 3 月 25 日正式具备商业运行条件。4 号机组于 2016 年 12 月 23 日启动核岛浇筑，2023 年 4 月 28 日启动冷试，预计 2024 年上半年实现投产。根据防城港核电厂建设整体规划，6 台机组公用的总取水明渠、总排水明渠在一、二期工程中建设完成。三期机组产生的温排水将由陆域管道引至已建成的总排水明渠中，并对总排水明渠进行优化，以减小温排水用海面积。三期建设涉及排水西防波堤延长段用海、排水口用海、温排水用海。

钦州湾是我国主要的红树林海湾。根据广西防城港核电有限公司提供的三期温排水数值模拟结果可知，钦州湾夏季 1 ℃ 温升线范围内分布红树林 27.68 hm^2。广西各级部门高度关注核电厂建设对红树林的影响，自治区生态环境厅对接国家生态环境部核与辐射安全中心后明确：若温升范围涉及红树林，无论是否为生态保护红线区，均要开展温升对红树林的影响论证。根据《广西壮族自治区海洋功能区划（2011—2020 年）》，核电三期建成后可能影响的红树林位于多类海洋功能区，水质环境管控涉及一至四类水质标准要求。其中，一类、二类水质标准要求人为造成的海水温升夏季不超过当时当地的 1 ℃，三类、四类水质标准要求人为造成的海水温升夏季不超过当时当地的 4 ℃。生态影响论证需要长期和广泛的观测监测数据支撑，但目前无充分的数据信息资料，因此开展红树林生态基线调查及核电影响专题研究非常必要。

2022年6月初，项目组与委托单位深圳中广核工程设计有限公司签订了防城港核电三期机组温排水红树林影响研究服务合同，随即着手编写专题研究工作方案。6月12日，委托单位组织专家咨询会审议并通过工作方案，并获业主广西防城港核电有限公司同意实施。随后，项目组立即启动防城港核电三期温排水影响海域范围红树林生态及其环境状况基线调查，并以防城港核电厂东北方向约6.5 km处的国投钦州电厂温升海域金鼓江红树林为参照林区，同步开展生态调查。项目组根据外业调查和内业分析测试数据编写专题研究报告，于7月14日提交专题研究报告送审稿。7月15日，业主主持召开研究报告专家评审会，会议同意报告通过评审；会后，项目组根据专家意见对报告进行修改完善。9月9日，广西壮族自治区林业局在南宁组织召开专题研究报告专家论证会，专家组认为报告"研究的依据充分，研究内容全面，调查方法科学，获得的数据资料翔实，分析方法得当，广西防城港核电厂三期机组1 ℃温升线范围内温排水对红树林生态影响在可接受范围，结论可信，对策建议基本可行。同意报告通过论证"。会后，项目组再次根据专家意见对报告进行修改完善。修改稿经7位论证专家复核通过，项目组于9月16日提交报批稿。至此，本专题研究圆满完成。

根据国家和地方法律法规，国家重大项目经严格论证后可占用红树林。在广西，平陆运河、龙门大桥、大风江大桥、铁山港大桥（拓宽）、华谊化工等工程建设项目便属于此类情形。另外，一些工程项目虽然没有占用红树林，但实际或多或少影响到红树林，如港池航道疏浚悬浮物、滨海核电温排水、液化天然气接收站冷排水等。为切实加强红树林保护，严格审批占用和影响红树林的工程建设项目，红树林管理部门均建议建设单位编制红树林生态影响评价专题报告。但是，由于国家和地方尚未发布海岸工程对红树林生态影响评价的相关技术标准，因此相关专家在审查专题报告及环境影响评价报告时往往无标准可依，只能按各自专业知识来评判。出于认真、谨慎、负责的态度，相关管理部门在一些重大项目的红树林生态影响评价报告正式评审之前，会召开专家咨询会，甚至在评审会原则通过之后还可能在修改与复核之间重复多次，客观上延长了工程项目的前期审评工作或复工审评时间。同时，由于缺乏相关监测和评价技术标准依据，导致监测结果和评价结论的科学性、准确性、标准性受到质疑。鉴于此，项目组在完成专题研究报告之后进行深入思考，认为进一步探讨如何构建红树林生态影响监测和评价技术体系并起草相关技术标准，是非常必要的。因此，项目组编写本书，敬请感兴趣的专家学者批评指正和共同探讨。

在此，全体作者对广西防城港核电有限公司给予的大力支持，对广西壮族自治区海洋局、广西壮族自治区林业局及广西壮族自治区生态环境厅给予的指导和帮助，一并致以衷心的感谢！

编者

2024 年 1 月 16 日

目 录

第十章　减缓影响的保护措施　/ 201

第一章 核电发展及其对海洋生态的影响

1.1 国内外核电发展历程

1.1.1 国际核电发展

俞冀阳等（2012）把世界核电发展历史划分为验证示范、高速发展、滞缓发展三个阶段，并认为2012年左右处于复苏之前的过渡阶段。在新时期，田慧芳（2022）认为目前世界核电发展进入了第四个阶段——缓慢恢复阶段。

（1）验证示范阶段。1942年12月，美国建成世界上第一座核反应堆，是这一阶段的标志性事件。但在此阶段，核能主要为军事服务。美国、苏联、英国和法国，配合原子弹的发展，先后建成了一批钚生产堆，随后开发了潜艇推进动力堆。从20世纪50年代初开始，美国、苏联、英国、法国等国家把核能部分转向民用，开发建造以发电为目的的反应堆，核电进入验证示范的阶段。

（2）高速发展阶段。20世纪60年代末至70年代初，各工业发达国家的经济处于上升时期，电力需求旺盛。美国、苏联、英国、法国等国家都制订了庞大的核电发展计划，联邦德国和日本也挤进了发展核电的行列。印度、阿根廷、巴西等发展中国家，以购买成套设备的方式开始进行核电厂建设。轻水堆是这一阶段世界核电厂建设的主导堆型。同时，美国、英国、法国、联邦德国等国家还积极开发了快中子增殖堆和高温气冷堆，建成一批实验堆和原型堆。

（3）滞缓发展阶段。发展滞缓的主要原因，首先是经济发展增速减缓，电力需求降低；其次是核电厂事故引起社会公众对核电安全性的忧虑。电力需求方面，自1979年发生第二次石油危机之后，各国经济发展速度迅速减缓，加上大规模的节能措施和产业结构调整，电力需求增长率大幅度下降。1980年全球核电仅增长1.7%，1982年下降了2.3%，许多新的核电厂建设项目被停止或推迟。核电安全方面，1979年3月美国发生了三哩岛核电厂事故，1986年4月苏联发生了切尔诺贝利核电厂事故，等等，这些事故对世界核电的发展产生重大影响。核电事故引起公众的担忧成为核电发展的主要障碍之一，有一些国家如瑞士、意大利、奥地利等已暂时停止发展核电。为保证核电的安全性，核电厂安全性措施相应提高，导致核电厂建设工期延长、投资增加、经济竞争力下降，特别是投资风险的不确定性阻滞了核电的继续发展。20世

80 年代末至 90 年代初，各核工业发达国家积极为核电的复苏而努力，着手制订以更安全、更经济为目标的设计标准规范。2011 年，日本福岛第一核电站发生了核事故，世界核电工业遭遇沉重打击。2012 年，全球核电发电量出现了有史以来最大规模的下滑。全世界对核电安全性重新审视，核电工业进入滞缓发展阶段，直到 2013 年后世界核能产量才出现缓慢回升的趋势。但截至 2020 年，全球核能消费量仍低于 2010 年的水平。2020 年，新冠疫情导致全球电力需求下降，再加上核电机组大修临时停堆和部分机组永久关闭，全年全球核能发电量为 25530 亿 kW•h，比 2019 年下降了约 4%，降幅居前的是日本（－33%）、欧盟（－11%）和美国（－2%）。核电对全球电力供应的贡献从 1996 年的峰值 17.5% 降至 2020 年的 10.1%。2020 年，核能投资为 370 亿美元，比 2019 年减少了 5%。

（4）缓慢恢复阶段。据中核战略规划研究总院 2024 年 2 月发布的《2023 年世界核电产业发展回顾》，截至 2023 年底，全球在 32 个国家和地区共运行 413 台核电机组，总装机容量 37151 万 kWe；有 18 个国家在建 57 台核电机组，总装机容量 5986.7 万 kWe。自 1954 年全球首台核电机组奥布宁斯克并网以来，全球核电机组总共积累了 19725 堆•年的运行经验。2023 年，全球有 5 台核电机组实现首次并网，总装机容量为 500.7 万 kWe，除霍夫莫采 3 号机组采用第二代核电技术外，其他 4 台核电机组均采用了不同机型的第三代核电技术。2023 年，全球有 5 台核电机组永久关闭退役，总装机容量为 604.8 万 kWe，均为采用第二代核电技术的机组。2023 年，全球有 5 台核电机组正式开工建设，全部采用第三代核电技术，总装机容量 567.9 万 kWe。在世界核电缓慢恢复的同时，中国核电加速发展，2023 年全球新建的 5 台核电机组中有 4 台在中国建设。

1.1.2　中国核电发展历程

中国的核能利用同样优先于军事用途。我国从 20 世纪 50 年代后期开展核武器研发，很快制造出原子弹、氢弹和核潜艇等。我国自主掌握的石墨水冷生产堆和潜艇压水动力堆技术，为我国核工业"军转民"发展奠定了基础。1970 年，国务院做出了发展核电的决定，经过 50 多年的努力，我国核电从无到有、从弱到强，取得长足发展。曾建新和杨保年（2013）将我国核电发展过程划分为 6 个阶段：酝酿阶段、起步阶段、缓慢发展阶段、批量发展阶段、规模化发展阶段、转型发展阶段。

几个标志性的事件如下：

1970 年，我国开始核电站试验研究。

1974 年，我国自行设计了第一座核电站——秦山核电站。该核电站于 1985 年 3

月开工建设，1991 年 12 月并网发电，结束了中国大陆无核电站的历史，中国由此走进了能够自行设计、建造核电站的国家行列。

1993 年和 1994 年，我国从法国引进的 2 套 M310 型 90 万 kWe 核电机组在广东大亚湾并网发电，这是我国在核电建设领域首度开展国际合作。

2006 年 3 月，国务院常务会议审议并原则通过《核电中长期发展规划（2005—2020 年）》，明确指出核电在保障国家能源安全、优化电源结构、改善大气环境等方面的重要意义，要求贯彻"积极推进核电建设"的电力发展基本方针，确立了核电在我国经济与能源可持续发展中的战略地位。我国核电从此进入规模化发展阶段。

2010 年 7 月 30 日，我国首个落户在西部地区和民族地区的核电项目——广西防城港核电厂正式开工建设，规划建设 6 台百万千瓦级核电机组。其中，一期工程规划建设 2 台单机容量为 108 万 kWe 的 CPR1000 压水堆核电机组，二、三期工程采用具有我国自主知识产权的三代核电技术——"华龙一号"。

2011 年发生了日本福岛核电站泄漏事故后，我国一度暂停核电项目审批，全面开展综合安全检查。2012 年 5 月，核电项目审批许可重回积极状态。

2021 年 1 月，我国具有完全自主知识产权的第三代核电技术福清核电"华龙一号"全球示范工程（三期机组）的 5 号机组投入商业运行。

2021 年 5 月，"华龙一号"海外示范工程——巴基斯坦卡拉奇核电 2 号机组投入商业运行，标志着我国具有完全自主知识产权的三代核电技术成功"走出去"。至此，我国与巴基斯坦、阿根廷、巴西等 20 多个国家和地区达成了核电项目合作意向。

2022 年 1 月，国家发展改革委、国家能源局印发了《"十四五"现代能源体系规划》，明确指出"积极安全有序发展核电。在确保安全的前提下，积极有序推动沿海核电项目建设，保持平稳建设节奏，合理布局新增沿海核电项目。开展核能综合利用示范，积极推动高温气冷堆、快堆、模块化小型堆、海上浮动堆等先进堆型示范工程，推动核能在清洁供暖、工业供热、海水淡化等领域的综合利用。切实做好核电厂址资源保护。到 2025 年，核电运行装机容量达到 7000 万千瓦左右"。

2023 年，广西政府工作报告部署了广西核电发展年度任务——"推进红沙核电 3 号机组实现商运，推动防城港红沙核电三期和白龙核电一期项目"。防城港核电厂二期 3 号机组于 2023 年 3 月 25 日正式投产发电。同年 5 月 6 日，4 号机组冷态功能试验顺利完成，机组将全面转入热试准备阶段。同时，防城港核电厂三期论证审查等前期工作全面展开。

根据 2023 年 4 月中国核能行业协会发布的《中国核能发展报告（2023）》蓝皮书介绍，截至 2022 年 12 月底，我国在建核电机组 23 台，总装机容量 2555 万 kWe，在建机组装机容量继续保持全球第一；我国核电自主创新能力显著增强，"华龙一号"

机组陆续投运，标志着我国实现了由二代向自主三代核电技术的全面跨越；同时，高温气冷堆、小型堆、聚变堆等一批代表着当今世界先进水平的核能工程也取得重大进展。

中国核能行业协会发布的全国核电运行情况显示，2023 年，我国运行核电机组累计发电量为 4333.71 亿 kW·h，同比增加 3.98%，约占全国总发电量的 4.86%，核能发电量排名世界第二。与燃煤发电相比，2023 年我国核能发电相当于减少燃烧标准煤近 12339.56 万 t，减少排放二氧化碳 32239.64 万 t。我国核能发电量持续增长，为保障电力供应安全和推动降碳减排做出了重要贡献。同时，我国核电安全运行业绩也持续保持国际先进水平。截至 2023 年末，我国运行核电机组共 55 台（台湾地区另计），装机容量为 5703.13 万 kWe（额定装机容量）。

中国台湾有 3 座核电厂 6 台机组，其中 4 台是沸水堆，2 台是压水堆，总装机容量为 488.4 万 kWe，均采用美国技术建造。正在建设的第 4 座核电厂 2 台机组均采用美国与日本联合开发的先进沸水堆，总装机容量为 130 万 kWe。

1.2　核电建设对海洋生态环境的影响

按污染物性质划分，影响海洋生态系统的因素可分为污染影响因素和非污染影响因素。不同类型和规模的海岸工程建设过程中产生的影响因素及其程度各异，而作为一种对生态环境影响巨大的海岸工程，核电厂施工期和运行期产生的生态影响类型更为复杂多样。通常核电厂建设产生的污染影响因素包括施工期产生的悬浮泥沙、船舶舱底油污水、生活污水、固体废弃物和水下噪声等，运行期产生的温排水，余氯，高盐分、低放射性液态流出物，非放射性含油废水，大件码头运行的污废水及水下噪声等。非污染影响因素包括海域水文动力变化、海域地形地貌与冲淤变化、卷吸效应等。一般取排水产生的卷吸效应只对那些能通过取水系统滤网的鱼卵、仔鱼、仔虾、浮游生物及其他游泳类生物幼体产生明显的伤害。同时，由于核电厂通常分为数期施工，各阶段用海涉海程度不同，因此某些污染影响因素不一定存在或者影响程度有所变化。例如，防城港核电厂三期建设涉及排水西防波堤延长段用海、排水口用海、温排水用海，不涉及其他诸如航道疏浚、取水口等用海，海上施工规模和影响相对较小，但运行期间各种影响因素的规模和程度增大。

本书集中于温排水因素，对其他影响因素不一一赘述。

1.3　涉及海岸工程对红树林生态影响及其评价的相关法律法规

从社会实践和政策发展上看，我国海洋生态环境治理过程的一般趋势是获取资源和破坏环境，随之引发很多社会问题，反馈问题影响国家政策导向；为解决社会问题，相关部门出台并实施相应政策，促进海洋生态环境的恢复和保护。国家政策主要体现在各种法律法规、规章、规范性文件等，依据完善的法律体系，海洋管理才能做到"有法可依、有法必依、执法必严、违法必究"。

据估计，历史上我国的红树林面积曾高达 25 万 hm^2，由于围填海、海洋污染等原因，一度仅剩 2.3 万 hm^2，现依靠人工造林恢复至 2.9 万 hm^2，但群落普遍次生，林分质量不高，生态系统功能退化，生态服务价值锐减，难以保障近海生态健康和生态安全。即使是党的十八大以来，仍发生一些非法占用和毁坏红树林的事件，比如：广西合浦县铁山港东港区榄根作业区泊位工程发生高岭土泄漏，致 7.81 hm^2 红树林死亡；广西钦州市钦南区犁头嘴海堤一二期加固项目破坏红树林 3.58 hm^2；广西防城港市港口区潭油村工业大道边填海工程破坏红树林 1.3 hm^2；海南澄迈县沿海区红树湾项目在保护区内填海建设楼盘，致使 0.65 hm^2 保护区范围内的 1582 株红树枯死；海南澄迈县盈滨半岛围海造地填埋 0.59 hm^2 范围内的红树 4664 株，周边 1960 株红树也受到填海影响枯死；广东雷州市雷高镇西寮渔港红树林保护区红树林被人为毁坏 2.29 hm^2，等等。同时，随着我国经济不断发展，一些国家和地方重大项目已经或计划占用红树林，包括平陆运河、龙门大桥、大风江大桥、铁山港大桥（拓宽）、华谊化工等工程建设项目。另外，一些工程项目虽然没有占用红树林，但在施工期和运行期实际影响了红树林，有待评价和监测，如港池航道疏浚、核电等工程。

红树林生境为海岸潮间带，属于海域，因此项目涉及占用红树林及其海域资源，首先要通过用海审查。在国土空间规划批复前，经依法批准的土地利用总体规划、城乡规划、海洋功能区划继续执行，作为建设项目用地用海审查的规划依据。《中华人民共和国海域使用管理法》第四条规定："国家实行海洋功能区划制度。海域使用必须符合海洋功能区划。"海洋功能区划是合理开发利用海洋资源、有效保护海洋生态环境的法定依据，不仅对功能区设置了海域使用管理要求，还设置了海洋环境保护要求。第七条规定："国务院海洋行政主管部门负责全国海域使用的监督管理。沿海县级以上地方人民政府海洋行政主管部门根据授权，负责本行政区毗邻海域使用的监督管理。"根据《中华人民共和国海域使用管理法》《海域使用论证管理规定》的要求，在中华人民共和国内水、领海持续使用特定海域三个月以上的排他性用海活动，必须依法取得海域使用权；申请使用海域的单位和个人，应当进行海域使用论证，提交完整的海域使用申请材料。红树林作为一种重要的生态敏感目标，海岸工程涉及占用或影响红树林的，海域使用论证报告（表）应对红树林资源进行影响分析和预测，并提出生态保护措施、修复及监测方案。2023 年 12 月，《国务院关于〈广西壮族自治区国土空间规划（2021—2035 年）〉的批复》下发，国土空间规划逐步统筹海洋和陆地国土空间资源开发保护。

根据《中华人民共和国环境保护法》《中华人民共和国海洋环境保护法》《中华人民共和国环境影响评价法》《防治海洋工程建设项目污染损害海洋环境管理条例》《防治海岸工程建设项目污染损害海洋环境管理条例》《建设项目环境保护管理条例》等的规定，凡新建、改建、扩建对环境有影响的工程项目必须进行环境影响评价，评价项目对生态敏感区的可能影响并提出保护对策与建议，项目涉及占用红树林及其海域资源的，必须开展相关红树林专题评价。《中华人民共和国环境保护法》第十条规定："国务院环境保护主管部门，对全国环境保护工作实施统一监督管理；县级以上地方人民政府环境保护主管部门，对本行政区域环境保护工作实施统一监督管理。"

《中华人民共和国湿地保护法》第三十四条规定："禁止占用红树林湿地。经省级以上人民政府有关部门评估，确因国家重大项目、防灾减灾等需要占用的，应当依照有关法律规定办理，并做好保护和修复工作。"第五条规定："国务院林业草原主管部门负责湿地资源的监督管理，负责湿地保护规划和相关国家标准拟定、湿地开发利用的监督管理、湿地生态保护修复工作。"涉及红树林区域的建设项目，包括经充分论证确实无法避让红树林的国家重大项目，以及未直接占用红树林区域但在建设或运营期间可能改变红树林所在河口水文情势、对红树林生长产生影响的其他建设项目，应当组织开展建设项目对红树林生态影响评价。如何认定国家重大项目可否占用或者征收红树林的先决条件，需要严格界定。除国务院发展改革主管部门会同国务院有关主管部门确定的对国民经济和社会发展有重大影响的骨干项目，以及纳入国家重大项目清单、国家军事设施重大项目清单、国家级发展规划、国家级专项行动计划（方案）的重大项目外，禁止审核同意其他建设项目提出的占用或者征收红树林申请。

红树林生态影响评价报告审核工作程序一般包括：①项目建设单位组织编制建设项目对红树林的不可避让性论证报告；②项目建设单位组织编制建设项目对红树林生态影响评价报告；③项目所在地县级林业草原主管部门、设区市林业草原主管部门初步审核建设项目对红树林生态影响评价报告，由设区市林业草原主管部门出具意见后报省级林业草原主管部门审核；④省级林业草原主管部门完成生态影响评价报告形式审查后，组织专家进行现场考察，召开专家论证会，现场考察专家决定是否提交报告至专家论证会审议，不满足送审要求的，退回修改后再申请提交审议；⑤省级林业草原主管部门收到合格材料后，结合专家论证意见，给出审核意见。

第二章　核电影响海域红树林生态监测与评价技术体系探讨

2.1　影响红树林生存发展的主要因素

按类型，红树林受到的影响可分为直接影响、间接影响和累积影响。直接影响与海岸工程建设同时同地，主要有占用破坏生境和遮阴胁迫两种形式。直接影响是显性可见的，其影响是一定产生的。间接影响虽在时间上推迟、在空间上较远，但在可合理预见的范围内。相对而言，间接影响类型更加复杂多样，且较难预测分析。累积影响是指某些海岸工程的影响跨越过去、现在及可以预见将来的较长时间段且具有累积效应，或多项海岸工程对同一地区的叠加影响，在时间和空间尺度上皆可累积。

按性质，影响红树林的因素可划分为非生物因素、生物因素和人为因素。Walsh（1974）通过野外观察归纳了自然环境中红树林生长的合适条件：具有一定温度范围、沉积物粒径较小、隐蔽的海岸线、潮水可以到达、具有一定潮差、受洋流影响和具有一定宽度的潮间带。Chapman（1975，1977）认为，除上述条件外，海流的冷暖与流向对红树林繁殖体的输送和分布所起的作用也应引起重视。张乔民等（2001）总结了影响红树林分布和生长的海洋环境因素，认为温度对红树林纬向分布，盐度对红树林沿河口湾和潮水河的上溯，潮汐浸淹频率对红树林沿滩涂的纵向分布，以及海岸波浪能量对红树林由港湾向开阔海岸的沿岸分布，均具有主导控制作用。陈鹭真（2005）认为，影响红树林的自然因素和人为因素包括滩面高程、土壤和海水盐度、温度、土壤质地、风浪和潮水流速、动物危害、入侵植物、垃圾危害和人为干扰等8个方面。综上，非生物因素通常包含温度、盐度、沉积物性质（类型和粒度）、滩涂高程、风浪流等5大类因素；生物因素通常包括病害微生物、大型海藻、外来入侵植物、竞争植物、污损动物、昆虫、蟹类和鼠类等，有时甚至决定了红树林的生存繁衍。随着人类利用海洋的方式趋于多样、复杂和深入，人为干扰层出不穷，影响程度不断提高。

2.1.1　温度

沿海热量条件决定了中国红树林自南向北分布。中国红树林自然分布于广西、广东、海南、福建、台湾、香港和澳门等地，从最南端的海南省三亚市（18°13′N）到最北端的福建省福鼎市（27°20′N），并人工引种至浙江省乐清市（28°25′N），跨越纬度10°12′。由南向北，中国红树植物种类从35种减少到仅秋茄（*Kandelia obovata*）

1 种。

张娆挺等（1984）根据红树对气温的适应范围把中国红树植物划分为 3 个生态类群：嗜热窄布种、嗜热广布种和抗低温广布种。嗜热窄布种包括正红树（*Rhizophora apiculata*）、红榄李（*Lumnitzera littorea*）、水椰（*Nypa fruticans*）、杯萼海桑（*Sonneratia alba*）、大叶海桑（*Sonneratia ovata*）、水芫花（*Pemphis acidula*）等，仅自然分布于海南岛东南岸与台湾高雄以南海岸，这一类群能适应最低月平均气温大于 20 ℃的海域。嗜热广布种以木榄（*Bruguiera gymnorhiza*）、角果木（*Ceriops tagal*）、红海榄（*Rhizophora stylosa*）、海莲（*Bruguiera sexangula*）、海漆（*Excoecaria agallocha*）、榄李（*Lumnitzera racemosa*）、银叶树（*Heritiera littoralis*）和卤蕨（*Acrostichum aureurm*）为代表，主要分布于由广西东兴至福建厦门的大陆沿岸及海南岛西北岸、台湾高雄以北海岸，这一类群所在海域的最低月平均气温范围为 12 ～ 16 ℃。抗低温广布种有秋茄、白骨壤（*Avicennia marina*）和桐花树（*Aegiceras corniculatum*）等，为福建厦门以北海岸区的优势种。

不同的植物种类或者同一种植物的不同地理种源其抗寒力是不一样的。杨盛昌等（1998）采用电导法定量测定了中国东南沿海红树植物叶片的抗寒力变化，发现红树植物冬季抗寒力（半致死温度）介于－ 2.0 ～ 6.8 ℃之间，并根据叶片抗寒力大小将红树植物种类分为 3 个低温敏感性类型：

（1）L 类型。对低温敏感性较弱，即抗寒力相对较强，叶片半致死温度低于－ 6 ℃，主要种类有木榄、海莲、角果木、桐花树、秋茄和银叶树等。

（2）M 类型。对低温敏感性中等，即抗寒力中等的居间类型，叶片半致死温度介于－ 6 ～－ 4 ℃之间，主要种类有红树、红海榄、尖瓣海莲（*Bruguiera sexangula* var. *rhynchopetala*）和海杧果（*Cerbera manghas*）等。

（3）H 类型。对低温敏感性强，即抗寒力较弱的类型，叶片半致死温度高于－ 4 ℃，主要种类有大叶海桑、海桑（*Sonneratia caseolaris*）、杯萼海桑、榄李、红榄李和木果楝（*Xylocarpus granatum*）等。

不同地理种源的秋茄、桐花树和红海榄等的抗寒力随着纬度的升高而增强。低温敏感性类型的划分可为红树植物的北移引种栽培提供一个选种依据：L 类型有望北移引种成功，H 类型北移成功的可能性很小，M 类型北移时必须进行抗寒锻炼后试种。

林鹏（1984）根据中国红树林自然分布区的最低月平均气温范围为 8 ～＜ 22 ℃的情形，按每 2 ℃一级划分出 7 个耐寒等级，红树植物所处的耐寒等级表示该种类能够忍耐该等级的低温条件（见表 2-1-1）。与区系生态类群相对应，耐寒等级为 Ⅰ～Ⅱ级（8 ～＜ 12 ℃）的种类属于抗低温广布种，Ⅲ～Ⅴ级（12 ～＜ 18 ℃）的种类属于嗜热广布种，Ⅵ～Ⅶ级（18 ～＜ 22 ℃）的种类属于嗜热窄布种。

表2-1-1 红树植物耐寒等级

等级	最低月平均气温	海岸范围	种类
I	8 ～＜ 10℃	福鼎—莆田	秋茄
II	10 ～＜ 12℃	莆田—厦门	桐花树、白骨壤、老鼠簕厦门变种（*Acanthus ebracteatus* var. *xiamenensis*）
III	12 ～＜ 14℃	厦门—汕头，台湾北部	木榄、海漆、老鼠簕（*Acanthus ilicifolius*）
IV	14 ～＜ 16℃	汕头—湛江，广西海岸	红海榄、角果木、榄李、小花老鼠簕（*Acanthus ebracteatus*）、银叶树
V	16 ～＜ 18℃	雷州半岛南端，海南北部	海莲、尖瓣海莲、玉蕊（*Barringtonia recemosa*）
VI	18 ～＜ 20℃	海南东西岸、台湾西南岸	海桑、杯萼海桑、大叶海桑、海南海桑（*Sonneratia hainanensis*）、瓶花木（*Scvphiphora hvdrophyllacea*）、红树
VII	20 ～＜ 22℃	海南东南岸端	红榄李

受到海岸地形地貌的影响，广西沿海气温分布呈哑铃状，东西两侧岸段（北海市、防城港市）较暖，中部（钦州市）较冷，红树植物种数也呈现东西多而中部少的现象，红海榄、银叶树、角果木等IV级红树植物不能自然分布在钦州岸段。2008年广西遭遇50年一遇的特大寒潮，钦州湾红树林损失惨重，其中人工引种的无瓣海桑（*Sonneratia apetala*）受害最为严重。

人为影响可引起一定区域的温度显著变化，比如滨海电厂温排水、液化天然气接收站冷排水等，有可能影响温变区红树林的生理、物候和演替等。

2.1.2 盐度

红树林生长的土壤为海滨盐土，含盐量高。盐度对红树林分布产生宏观影响，而不同的红树种类对盐度有着不同的要求。在实验条件下，秋茄、无瓣海桑、木榄、红海榄、白骨壤、桐花树、老鼠簕等幼苗的适生水体盐度范围分别为5 ～ 15、0 ～ 25、小于10、小于20、小于25、小于25和5 ～ 10。但是，通常盐度过高会使红树植物呼吸作用增强而净生长量减少，盐度过低则不利于其与其他植物（如生长过快的淡水植物）竞争。福建省漳州市龙海区的石美村滩涂距河口14.8 km，1982年1月12日调查表明平均海水盐度为2.16，该处散生着桐花树植株。20世纪50年代，距河口150 km的珠江广州河段还有老鼠簕生长。以上两个例子说明，对于河口地区的红树植物而言，分布与否并不决定于其与海洋的距离，实质上是水体盐度起主要作用。李云等

（1997）对无瓣海桑耐盐性的研究结果表明，盐度为 0 ～ 7.5 时无瓣海桑发芽效果最好，其中盐度为 2.5 ～ 5.0 时，发芽率及胚根长度与淡水对照组的几乎一致，但生长粗壮，表明适当的盐度对发芽生长有利；盐度为 7.5 时，胚根生长也较对照组的粗壮，但部分胚根已受到盐害，显示出盐生特性与盐害的对立统一关系。过高或过低的盐度会抑制红树植物种子萌发和幼苗生长，并通过抑制叶片光合作用和减少叶片面积来减少红树植物对碳的吸收。

2.1.3　沉积物性质

沉积物是直接影响红树植物生长发育最重要的环境因素之一。De Lange（1994）将新西兰红树林高度与沉积物中粒径大于 0.02 mm 的细颗粒百分含量做相关图发现，含量大于 50% 时多为高或中红树林，含量小于 50% 时多为矮红树林。Eisma 等（1998）综合了不同红树树种（属）对沉积物和土壤特性的要求，认为白骨壤属适应性较广，既能在新淤的淤泥上形成先锋植物，也可生长于老的压实淤泥、砂质淤泥或砂钙质淤泥、氧化沉积物、积水沉积物、短时浸淹区等。红树属可在淤泥上形成先锋植物，但通常生长于近岸、半咸水、氧化或深度还原的淤泥，也可生长于砂质黏土、积水土壤、低地、钙质泥坪；海桑属通常在淤泥上形成先锋植物，也可生长于砂质淤泥、积水土壤、内陆砂质黏土和珊瑚灰岩；木榄属通常生长于高滩缺氧和高有机质含量砂质淤泥、咸淡水过渡带；木果楝属生长于高滩正常浸淹、排水良好的土壤，并与榄李属种类一起分布于咸淡水过渡带，与角果木属共同分布于低盐而排水好的最高滩；海漆属生长于低盐而排水差的硬黏土；银叶树属生长于低盐且多洪水浸淹的土壤，也可在高盐区形成混合林；水椰属生长于咸淡水过渡带。

郑德璋等（1999）总结了我国各种红树植物对滩涂沉积物类型和特性的要求：红树、海桑、拟海桑（*Sonneratia gulngai*）、大叶海桑、木榄等一般生长于淤泥深厚的滩涂；白骨壤、杯萼海桑、角果木、榄李、卤蕨、老鼠簕等在砂质土壤上也能生长；海莲、海漆、银叶树能生长在坚实的泥质土或泥沙质土高滩涂；秋茄和海桑属各种能生长于稀烂深厚的淤泥滩涂；桐花树适应土壤能力强，分布广；白骨壤、桐花树、杯萼海桑、银叶树等对土壤养分需求不高；木榄、海莲、海漆等要求肥沃的滩涂；等等。隋淑珍和张乔民（1999）调查表明，在除命名为砾、砂、粉砂、黏土外的其他沉积物类型上，都发现有红树植物生长分布。张乔民等（2001）发现红树林不仅在以粉砂、黏土为主的潮滩上生长得很好，而且在以砂、砾为主的潮滩上也可以很好地生长，同时可能混合滩比沙滩和泥滩更适合红树林生长。邢永泽等（2014）研究指出，在较为贫瘠的砂质潮滩上，适宜先锋树种白骨壤生存，秋茄和木榄群落适宜在细颗粒物质多的淤泥质潮滩上生长。总之，虽然不同红树植物适宜生长的沉积物类型并不完全相同，但普遍认为肥沃的淤泥质潮滩可满足绝大多数红树植物的生长要求。

2.1.4 滩涂高程

在诸多因素中，滩涂高程对红树林造林成活率的影响最为显著。红树林作为一类生长在海岸潮间带的植被，其完整的生命过程需要一定的潮汐作用。红树林繁茂生长于平均海平面至平均高潮线之间的滩涂，平均高潮线至最高高潮线的滩涂上红树植物种类较少，主要生长半红树植物；海面以下的滩涂可发育一定面积的白骨壤、桐花树等先锋群落。滩涂高程可通过植株淹水时长直观反映，较高滩涂上的红树林被淹水时长较短。淹水环境首先导致红树植物出现缺氧症，在水分、碳水化合物、矿质元素、酶和激素水平等方面影响红树植物生长。缺氧条件下的植物不仅有机物分解产能效率低下，而且会产生乳酸、乙醇和苹果酸等对植物生长不利的物质（卢昌义等，2005）。不同红树种类采用不同的生长策略应对缺氧生境，表现在生物量在各器官上的分配、叶绿素 a/b 比及抗氧化酶活性等方面（何斌源，2009）。

自然界潮水浸淹的周期性规律常常被人类打破，红树林淹水时长可因海岸工程建设而显著改变。2022 年 5 月，广西红树林研究中心调查发现广西钦州港水井坑内湾 $3.382\ hm^2$ 红树林死亡，其原因是填海工程造成内湾与外湾之间仅有狭窄水道相连，内外水交换不畅，内湾在暴雨与大潮叠加时形成顶流，最终导致内湾局部区域的红树林被淹水时间过长而受损直至死亡（广西红树林研究中心，2022）。

2.1.5 风浪流

风、波浪和潮流等是影响红树林生境稳定性的重要因素，强劲的风浪流不但会侵蚀红树林生境，而且直接阻碍红树植物胎生胚轴的固定、萌发和生长。风浪和潮水流速过快还会增加红树林污损动物危害程度，降低红树幼苗幼树成活率。张乔民等（2001）总结：当波能指数 $W < 7.0 \times 10^3$ 时为适宜红树林生长的低波能海岸；当 $W > 10.5 \times 10^3$ 时为不适宜红树林生长的高波能海岸；当 W 在（$7.0 \sim 10.5$）$\times 10^3$ 范围内时为红树林生长零星或很差，或仅能生长人工林或幼林的中波能海岸。近年来，海洋水动力专业观测仪器设备日益丰富，技术手段日趋完善，采用自容式海流计长时间连续观测红树林生境流场变化成为一件较为轻松的工作，因此可将红树林生境近底流速流向纳入评价指标体系中。

2.1.6 地形

红树林在隐蔽海岸、港湾、河海交汇处泥沙丰富的三角洲上十分繁盛，尤其以生长在成土母岩为花岗岩、玄武岩或片麻岩的淤泥生境为最好，而难以生长在低潮高盐区、海堤外、陡峭沿岸、平直暴露的滩涂、沙滩等生境。开阔海岸风浪较大，红树幼苗无法固着生长；河口及港湾处风浪较小，有利于红树幼苗固着生长。海岸大型人工构筑物对自然地形改造作用非常显著，强烈改变局部海域水动力状况，侵蚀和淤积可能并存，进而影响红树林滩涂的稳定性。

2.1.7 特征污染物和特征影响方式

按污染物性质划分，影响海洋生态系统的因素可分为污染影响因素和非污染影响因素。不同类型和规模的海岸工程产生的影响因素及其程度各异，而作为一种对生态环境影响巨大的海岸工程，核电厂在施工期和运行期产生的生态影响更为复杂多样。通常核电厂造成的污染影响因素包括施工期产生的悬浮泥沙、船舶舱底油污水、生活污水、固体废物和水下噪声等，运行期产生的温排水，余氯，高盐分、低放射性液态流出物，非放射性含油废水，大件码头运行的污废水及水下噪声等。非污染影响因素包括海域水文动力变化、海域地形地貌与冲淤变化等。防城港核电三期建设涉及排水西防波堤延长段用海、排水口用海、温排水用海，不涉及其他诸如航道疏浚、取水口等用海，海上施工规模和影响相对较小，但运行期的排放规模和影响程度扩大。

海岸工程施工往往造成水体不同程度的悬浮物增量。悬浮物附着在红树植物叶片上会影响其光合作用；悬浮物堵塞红树植物呼吸根皮孔，会导致呼吸根甚至植株缺氧死亡；悬浮物附着在浮游植物、浮游动物及鱼卵仔鱼上，可导致其沉降到海底，对海洋生物繁殖和生长造成影响；悬浮物沉降过快可能会掩埋红树林和底栖生物，破坏其生境稳定性；悬浮物过量会降低水体环境质量，使水体透明度和光照下降，从而影响水生生物的正常生理活动。

高岭土是一种新近受到高度关注的污染物。航道港池疏浚、海砂开采、吹填溢流和陆岸水土流失等可产生高岭土悬浮物扩散，污染红树林及其生境。2017 年，在铁山港榄根作业区实施填海工程过程中，富含高岭土悬浮物的溢流水体流入红树林区，截至 2020 年 4 月，共致使 7.81 hm² 红树林死亡，9.37 hm² 红树林严重退化。广西红树林研究中心（2020）调查认为主要原因如下：

（1）悬浮物快速沉积埋没红树植物部分甚至整条呼吸根，高岭土堵塞了呼吸根皮孔，导致植株缺氧死亡。

（2）悬浮物快速埋没和高岭土沉积破坏了林下滩涂洞穴，毁坏了红树生存所必需的供氧通道，且由于动物的死亡使得供氧通道难以再次形成。

（3）高岭土黏附叶片妨碍了叶片气孔开张，破坏叶绿素，导致叶片脱落，无营养物质产生，植株因此死亡。

遮光影响是高大建筑物在红树林上方或向光侧遮挡光照产生的一种特征影响方式。运营期间桥梁将对下方区域形成覆盖，减弱下方及周边的红树林光照条件，影响红树林的自然生长。尤其是对喜光类型的红树植物而言，光照不足将导致植株生长缓慢、枝叶干枯，而桥底及桥墩附近因光照较差，红树林可能出现小面积死亡。

2.1.8 病虫害

2.1.8.1 病害

蒋学建等（2006）总结我国红树林病害有灰霉病、茎腐病、猝倒病、叶斑病、煤烟病、炭疽病及煤污病等，主要为真菌病害，危害器官主要是叶（见表2-1-2）。广西红树林病害主要有炭疽病和煤污病，桐花树遭受的病害类型相对较多。

表 2-1-2　中国红树林主要病害

名称	有害生物	寄主	危害部位	分布
灰霉病	灰葡萄孢菌（*Botrytis cinerea*）	海桑	茎、叶	海南、广东
茎腐病	镰孢菌（*Fusarium* sp.）	海桑、无瓣海桑、白骨壤	茎	海南、广东
	根霉菌（*Rhizopus* sp.）	海桑	茎	海南
猝倒病	腐霉菌（*Pyhium* sp.）	海桑	茎	海南
叶斑病	拟盘多毛孢菌（*Pestalotiopsis* sp.）	桐花树	叶	海南、广东
	交链孢菌（*Alternaria* sp.）	正红树、红海榄、木榄	叶	海南、广东
煤烟病	小煤炱菌（*Meliola* spp.）	海桑、桐花树、榄李	叶	海南、广东
炭疽病	胶孢炭疽菌（*Colletotrichium gloeosporioides*）	海桑、海漆、桐花树、榄李、木榄、白骨壤	叶	广西
煤污病	番荔枝煤炱菌（*Capnodium anona*）	桐花树	叶	广西
	杜茎山星盾炱（*Asterina maesae*）	桐花树	叶	广西
	撒播烟霉（*Fumago vagans*）	桐花树	叶	广西
	盾壳霉（*Coniothyrium* sp.）	桐花树	叶	广西

2.1.8.2 虫害

虫害已经成为我国红树林大面积衰退的主要原因之一（范航清和邱广龙，2004；王文卿和王瑁，2007）。自2004年首次报道了全国性的白骨壤林遭受大面积虫害事件，此后连年发生红树林虫害，且害虫种类呈由单种向多种并发的发展趋势。广西红树林群落结构单一，纯林比例很高，昆虫种类多样性远低于陆岸森林，克制害虫的天敌种类偏少，易诱发大规模虫害。危害广西红树林的害虫种类约有 37 种，金鼓江、鹿耳环江海域常见害虫有广州小斑螟（*Oligochroa cantonella*）、桐花树毛颚小卷蛾（*Lasiognatha cellifera*）、柚木肖弄蝶夜蛾（*Hyblaca puera*）、白囊袋蛾（*Chalioides kondonis*）、丝脉袋蛾（*Amatissa snelleni*）、考氏白盾蚧（*Pseudaulacaspis cockerelli*）等。2015 年，钦州市沿海红树林发生大面积的柚木肖弄蝶夜蛾虫害，专家认为，开发建设活动阻隔陆地上红树林害虫的天敌进入红树林生态系统是此次虫害产生的重要原因。2015 年后，柚木肖弄蝶夜蛾在广西为害范围广，为害程度大，尤以 8—10 月虫口密度最大（刘文爱和李丽凤，2017）。

自然状态下，团水虱对红树林的影响不大，偶见在零星死亡植株上。近年来，在养殖废水过量排海、放养海鸭捕食团水虱天敌等因素叠加之下，我国红树林遭到有孔团水虱（*Sphaeroma terebrans*）和光背团水虱（*Sphraeroma retrolaevis*）的侵扰。2013 年，海南东寨港红树林自然保护区的团水虱危害面积达 33.3 hm²，其中死亡面积达 5.39 hm²，100 多万株红树消失（杨玉楠等，2018）。在广西北海草头村和银滩滩涂，2.33 hm² 红树林遭受有孔团水虱的破坏，其中 0.50 hm² 死亡（范航清等，2014）。2023 年度监测发现，位于龙门大桥建设项目附近的 FC01 样地的白骨壤植株受到团水虱危害，初步判断是由于样地周边分布较多养殖池塘，养殖废水直排入海，且常有放养的海鸭在林间觅食，造成团水虱天敌消失，从而诱发团水虱繁盛，钻蚀红树植株致其死亡。这与其他海域团水虱暴发的诱因和结果极为相似，应引起高度重视。

2.1.9 污损动物

在研究、保护和发展红树林的过程中，许多早期研究者就对藤壶等污损动物胁迫限制红树林自然发展、致使人工造林失败的现象给予高度重视（林鹏和韦信敏，1981；Perry，1988；Ellison 和 Farnsworth，1992）。污损动物严重影响红树植物光合产物的生产和运输，妨碍红树植物的特殊适应性器官（如气生根、呼吸根、皮孔等）的正常功能；污损动物大量附着使红树植物自重加大和重心提高，各器官的直径和表面粗糙度增大，植株对波浪和海流的阻力增强，从而造成静力载荷和动力载荷增加，致使枝叶过早掉落、树体弯曲倒伏，甚至死亡。红树林污损动物主要有藤壶类、牡蛎类和贻贝类。污损动物的危害程度一般表现为盐度较高的水域污损动物分布数量较多，各水域污损动物危害程度由高到低依次为开阔海岸、封闭港湾、河口区（何斌源，2002）。

2.1.10 外来入侵植物

广西海岸滩涂上的外来入侵植物主要有互花米草（*Spartina alterniflora*）、拉关木（*Laguncularia racemosa*）和无瓣海桑，后两种是外来的红树植物。这 3 种外来植物与广西原生红树的生态位高度重叠，依靠其快速生长扩散的特性，逐渐对广西红树林植被原生性质构成严重威胁。互花米草在 1979 年被引入我国，先后移植到广西、广东、福建、浙江、江苏、山东等沿海海滩。2003 年，我国将互花米草列入首批 16 种外来入侵物种名录，并对其蔓延趋势进行监控（国家环保总局，2003）。广西壮族自治区海洋研究院年度遥感监测显示，2022 年广西沿海互花米草总面积 1189.48 hm²，按县级行政单位统计，合浦县的互花米草面积达 979.76 hm²，占了 82.37%；按自然海岸海湾统计，铁山港湾的互花米草面积达 847.63 hm²，是广西最主要的互米花草重灾区。目前，钦州湾海域零星分布少量互花米草，主要分布在防城港市企沙镇的山新村和黄泥潭村海滩，总面积约为 300 m²，总体上处于逐渐适应当地生境的阶段，如及时清除整治，则效果显著，代价最小；如听之任之，则可能重蹈铁山港湾、廉州湾之覆辙。

2022 年，广西海岸无瓣海桑分布面积为 391.98 hm²，主要分布在钦州市的茅尾海康熙岭镇及团和岛滩涂，合浦的南流江口、北海市区的冯家江和西村港亦有少量分布。按县级行政单位统计，钦南区无瓣海桑面积最大，为 352.72 hm²，占广西无瓣海桑总面积的 89.98%。按自然海岸海湾统计，钦州湾分布面积最大，为 353.89 hm²，占广西无瓣海桑总面积的 90.28%。在防城港核电厂取水口滩涂生长有 4 株无瓣海桑，株高为 175 ～ 400 cm。

2022 年，广西海岸拉关木分布面积约为 0.73 hm²，主要分布于冯家江中上游，三娘湾及铁山港湾学树岭村附近海域则各有一处分布点。由于拉关木扩散能力远高于无瓣海桑，相关部门已大力清除，因此广西拉关木总面积呈减少趋势。

2.1.11 乡土竞争植物

浒苔（*Enteromorpha prolifera*），绿藻门石莼科大型海藻，是需要重点关注的大型海藻。广西茅尾海河口水体常态性富营养化，每年 12 月至翌年 4 月"绿潮"频发。冬春季浒苔过度繁殖对红树幼树幼苗影响较大，浒苔紧密包裹向海林带低矮的红树植株，严重时可致其死亡。

鱼藤（*Derris trifoliata*），被子植物门蝶形花科多年生攀缘状灌木。近年来，乡土伴生植物鱼藤在广西沿海红树林中快速扩散，并且覆盖在红树植物冠层，导致红树林因光照、资源和空间等的不足而逐渐枯萎和塌陷，出现红树林连片死亡。鱼藤危害是红树林生态系统面临的又一个生态问题，被认为是红树林退化的指示物种（张锟等，

2022）。在广西，鱼藤的危害对象主要是桐花树群落。

2.2 评价技术标准

接到一个生态影响评价专题研究任务时，按照常规的技术路线思维，第一种方法是查找直接相关的技术标准，依据技术标准来开展调查和评价工作，这是最理想的开端。第二种方法是搜索已有文献，以已通过专家评审或审查的影响评价报告作为案例，直接借鉴套用。如果两种方法都无法实现，则只能依靠专业知识和以往经验，部分借鉴技术标准和文献，自行构建评价技术体系。

项目组在接到开展广西防城港核电厂三期机组温排水对红树林生态影响的基线调查及影响评价的专题研究任务之后，首先是在全国标准信息公共服务平台（https：//std.samr.gov.cn/）上，搜索查阅了国内已获批发布实施的国家、行业、地方、团体标准，发现与海岸工程对红树林生态影响评价最相关或相似的技术标准，是海岸工程对环境影响评价方面相关的标准。主要技术标准如下：

（1）《海洋工程环境影响评价技术导则》（GB/T 19485—2014）。

（2）《海湾围填海规划环境影响评价技术导则》（GB/T 29726—2013）。

（3）《海水综合利用工程环境影响评价技术导则》（GB/T 22413—2008）。

（4）《建筑施工场界环境噪声排放标准》（GB 12523—2011）。

（5）《建设项目环境影响评价技术导则　总纲》（HJ 2.1—2016）。

（6）《环境影响评价技术导则　生态影响》（HJ 19—2022）。

（7）《建设项目环境影响技术评估导则》（HJ 616—2011）。

（8）《环境影响评价技术导则　声环境》（HJ 2.4—2021）。

（9）《环境影响评价技术导则　土壤环境（试行）》（HJ 964—2018）。

（10）《环境影响评价技术导则　大气环境》（HJ 2.2—2018）。

（11）《环境影响评价技术导则　地表水环境》（HJ 2.3—2018）。

（12）《自然保护区建设项目生物多样性影响评价技术规范》（LY/T 2242—2014）。

（13）《建设项目对自然保护区影响评价技术导则》（DB 45/T 1113—2014）。

经仔细查阅分析，以上标准均未对如何评价海岸工程对红树林造成的生态影响作具体设计，仅有一些方向性指导原则，无法有效指导海岸工程对红树林生态影响评价工作。

同样在全国标准信息公共服务平台上搜索查阅，并咨询相关领域专家，未发现与海岸工程对红树林生态影响评价相关或相似的国家、行业、地方标准纳入起草计划。

项目组从各方收集了广西、广东、福建和海南等省区关于海岸工程对红树林生态影响评价报告，工程类型涉及填海造陆、跨海桥梁、海陆运河、滨海公路、航道疏浚、海上旅游、光伏电厂及核电厂等，其中包括福建漳州核电厂温排水对漳江口红树林保护区的生态影响报告、广东廉江核电建设对广西山口红树林保护区的生态影响报告。总体上，各个红树林生态影响评价报告的技术路线基本是以海洋环境评价导则为技术要求，以海洋环境评价的大纲为文本结构，充分获取理化环境和生物生态现状数据，参考国外或国内其他区域的监测调查和研究结果，以此评价工程建设对红树林的生态影响。项目组深入分析后认为，各个红树林生态影响评价报告中有很多值得借鉴之处，但对区域特点和红树林特点的针对性不强，放之四海而皆准，颇有隔靴搔痒之感。

因此，项目组决定独立思考，同时积极借鉴相关技术标准和已有研究成果，全面收集钦州湾生态环境历史数据，以影响红树林生存发展的生物因素和非生物因素为关键要素，从特征污染物或特征影响方式出发，自主构建相关评价技术方案，开展各评价指标数据资料调查监测和系统性分析评价及预测。

2.3　评价基本原则

核电建设和运行是差异明显但又相互联系的各种工程总和，会产生各种各样的污染影响和非污染影响，综合作用于红树林湿地生态系统。评价工作应构建综合性红树林生态影响评价技术体系，客观、全面、准确地评价工程建设对红树林生态的影响程度，做出可行性结论，提出针对性高、可操作性强的应对措施和方法，避免和减轻工程建设对红树林湿地生态系统的不利影响，为相关主管部门审核决策提供参考依据。

开展建设项目对红树林生态影响评价，应遵循如下原则：

（1）系统全面原则。红树林是滨海湿地生态系统，其生境首先是红树林能够适应的理化环境，其次为红树林、其他生物类群与理化环境共同构建的生物环境。因此必须以生态学、生物学、海洋学、环境学等学科相关理论为基础，结合工程类型、工程规模及其对红树林湿地生态系统的影响因素及程度，合理确定调查评价范围，全面调查工程建设直接或间接干扰的生境、物种、物候、种群、生物群落、生态系统以及自然景观等方面现状情况，综合分析预测其变化趋势。

（2）有效适度原则。评价工作应重点关注影响强度大、范围广、历时长的海洋海岸工程，以红树林生态系统的特殊性为出发点，同时注重与相关管理部门最新出台的海域监督管理和生态环境管理方面的政策相衔接，与海域使用论证报告、海洋环境影响评价报告中的生态环境监测要求相衔接，评价范围和规模以满足评价目标要求为限度，评价监测指标针对性强、可操作性强，评价监测方法现行有效且经济，不做过度监测，以满足趋势性监测效果为宜。

（3）客观科学原则。在满足评价方法简化、可操作性及数据可获得性等要求的基础上，注重评价数据调查监测技术的规范性和统一性。应制订统一的调查监测技术方案，采用现行有效的技术标准或红树林专业领域达成共识的通用技术，开展示范性技术培训，执行严格的调查监测全过程质量控制措施，保证评价技术体系的科学性和合理性，以获得正确的状态数据作为分析基础，做出态度明确的判断，保证评价结果的客观性。

（4）目标导向原则。生态影响评价的最终目的是维持红树林生态系统结构和功能完整，有效保护生物多样性，保障海岸带生态健康。根据生态影响评价结果，针对性提出可操作性强的生态保护对策措施。保护和恢复措施宜特别考虑保护工程影响区域的珍稀濒危野生动植物资源。涉及破坏后很难恢复的特殊区域时，应提出合理的避让措施或替代方案。

2.4 评价的起点与路径问题

依据海岸工程所处阶段及基础资料完整程度，采取不同的评价模式和路径开展红树林生态影响评价工作。

当评价起点为尚未开工建设的工程时，可采用参照系对比法进行评价。参照系对比法是按照"空间换时间"的思路，设定用于横向比较的参照系，根据参照系的变化趋势预测同类评价对象的变化趋势。完善的参照系对比法评价流程：选取空间距离不远、生境条件接近且历史上经受同类胁迫因素的生态系统为参照系，调查获得评价对象和参照对象的现状生态数据，以参照对象的动态变化预测分析评价对象的未来变化，并构建评价对象的基线数据库以作为后续影响评价的基础。

当评价起点为在建或已运行的工程时，可采用基线值对比法进行评价。基线值对比法基于评价对象的纵向时间系列上各阶段状态数据，通过前后对比分析变化趋势，并以此为依据进行预测。理想的、完善的基线值对比法评价流程：在整体工程或某期工程实施之前的某个基线时刻获取某一评价指标的基线值，构建基线数据库，设定指标变化的分级评价标准；在工程实施后获取现状数据，将其与基线数据对比，定量评价指标前后变化程度处在何种水平，做出变化趋势好坏、影响程度轻重的判断，并对后续可能产生的影响进行评价。

在实际评价过程中，可能混合运用参照系对比法和基线值对比法，这基于我们对不同评价指标的数据信息掌握的情况。如果某些指标的基线数据不理想或不可获得，则采用参照系对比法。

2.5　监测与评价指标体系结构

监测与评价之间存在相辅相成的关系。监测的目的是评价，评价依据针对性的监测，两者的核心数据是一致的。红树林受到外界的生态影响是综合而复杂的，采用何种指标来评价红树林生态变化是一个基础性问题。对不同的主体来说，各自关注的导向角度和程度有所差异。生态影响评价的最终目的是维持红树林生态系统结构和功能完整，因此应关注红树林资源本身，及影响红树林生存发展的生物因素和非生物因素，即满足评价的系统全面原则要求。对应 2.1 节列举的影响红树林生存发展的主要因素，可引出一系列问题：核电厂温排水及其直接相关建设是否引起环境温度显著变化？是否引起盐度显著变化？是否引起高程侵蚀或淤积过度或生境丧失？是否引起风浪流显著变大或变小（变大则可能导致侵蚀，变小则可能导致淤积）？是否引起沉积物显著变粗或变细？是否引起伴生红树林群落的底栖动物群落显著退化？是否引起病虫害显著加剧？是否引起海藻过度繁殖？等等。

构建什么样的监测与评价指标体系是一个难题，对专业水平和综合能力要求很高。层次分析法在评价方面是一个提供思路的好工具。监测与评价指标体系应包含全面、层次分明、定量辨识，首要目标直指终极保护对象——红树林，围绕其确定具体指标体系的组成。可按层次分析法将其分解为明确的层次结构，构建包含准则层、要素层和指标层的 3 级指标体系。以红树林生态影响为评价目标，以红树林资源、生境和生态系统影响为主要准则层，同时考虑海岸工程的环境风险和附近已有工程的累积影响，分析判断在施工期和运行期可能引起生态压力的具体工程活动及其影响方式和程度，重点关注影响强度大、范围广、历时长的工程活动。选择表征生态系统及其环境特点的要素层，比如水环境、水动力、地形地貌、沉积环境、生物类群、敌害生物、人为扰动、环境风险等要素。至于具体选用什么指标，可谓"仁者见仁，智者见智"，不管是在技术标准发布实施之前还是之后，都可深入广泛地探讨和优化完善。

确定指标的评价标准是一个更为困难的问题，必须经过反复深入地研究，以形成广泛的共识。在这个方面，需要广泛借鉴、高度归纳和积极创新。

2.6　分析评价的方向

生态影响分析、评价及预测可从红树林资源、生境和生态系统影响及环境风险等方向着手，这些方向构成了层次分析法评价指标体系中的准则层。

（1）红树林资源的数量和质量是最重要的保护目标。可直接从对红树林面积保有量、对当地红树种类多样性和种群数量、对规划发展红树林的滩涂湿地等方面的影响，分析项目建设对红树林资源现存量、稀有种群保护和发展空间的影响方式及程度。占用红树林短期往往导致红树林资源的丧失萎缩，可能导致周边林地破碎化。如果占用的林地是国家重点保护野生生物种群的栖息地，则要审慎分析判断项目建设的可行性，提出避让建议。如项目建设占用红树林，按照相关法规要求，应按占用红树林面积的3倍实施就近迁移或易地修复，并开展一定年限的管护，确保红树林保有量和质量不因项目建设而降低。红树林宜林地，尤其是各级政府已规划的宜林地，是红树林的"法定"发展空间，具有与现存林地近似的法律定位，因此占用宜林地需要谨慎对待，如被占用应考虑补划新的宜林地。

（2）红树林湿地生境是红树林赖以生存的栖息地。很多间接影响因素通过改变红树林生境性质而导致红树林缓慢、长期的结构和功能损伤，因此具体建设项目的特征污染源或特征影响方式是分析评价的重点方向。污染源或影响方式对红树林生态系统产生的影响有多大，取决于污染源与红树林的空间位置关系、污染源扩散方式、污染源扩散能力及红树林各子系统的敏感程度。因此，首先应明确项目建设区域与保护目标红树林的空间位置关系，包括方位、距离等参数。其次，找出项目建设的特征污染源或特征影响方式，明确其扩散方式及扩散能力（距离）。最后，针对生态敏感保护对象特性，结合工程影响特点，利用专业知识逐一分析各种污染源或影响方式对红树林生态系统的生态影响。目前已形成了一些成熟的定量评价数学模型，如依据符合实际情况的水动力模型，应用于悬浮泥沙扩散、冲淤变化、化学需氧量、氮磷营养盐、盐度、溢油等方面的模拟预测。但对于一些新型污染源或影响方式，比如高岭土等，还有待进一步发展和完善。

（3）红树林是一个复杂的生态系统，是由众多生产者、消费者、分解者一起构建的命运共同体，具有相对稳定的结构和功能。海岸项目建设在一定程度上影响了红树林湿地生态系统的结构和功能稳定性。生态系统的结构主要由处在不同营养级的各种生物类群来体现，一般包括浮游生物、底栖生物和游泳生物三大海洋生物群落，以及海陆过渡带生态系统所特有的两栖动物、爬行类和鸟类等，特别要关注生活在其中的国家重点保护野生动植物。对于生态系统的功能影响分析方面，可从资源供给功能、支持功能、调节功能、人文功能等层次着手分析。在实践案例中，直接影响（占用）可通过生态系统服务价值进行定量评价。范航清等（2022）通过贴现折算各指标、定义红树林影响率函数，基于广西沿海区域2019年人均GDP，评价出广西红树林生态系统基准价值（BVE）为59.84万元／（hm² · a）。这个基准价值直接应用于《广西红树林树木价值计算标准（2021版）》。目前绝大部分的间接影响采取定性评价，其分析结果为是或否、影响程度大或小，通常没有一个量值。

（4）不同类型的海岸工程各有其特征的环境风险，且同一海域的各类环境风险相互联系、相互作用。最常见的环境风险是溢油事故风险。溢油污染分为事故性污染和操作性污染两大类，事故性污染是指船舶碰撞、搁浅、触礁、起火、船体破损、断裂等突发性事故造成的污染；操作性污染是指对机舱油污水、洗舱水、废油、垃圾等处置不当造成的污染。另外，在高岭土富集的海岸带，吹填、疏浚或石英砂洗矿尾水泄露等造成高岭土污染红树林，是近年才出现的新型污染，特别是在铁山港海岸带容易发生。

只有彻底了解红树林资源、生境、生态系统及其环境现状，才能透彻分析项目建设造成的生态影响方式及其程度。应根据相关技术规程，确定调查范围、指标、站位和频次，获得调查范围内的生物因素和非生物因素的基线状态数据。在深入调查获得了生态环境质量、敏感保护目标、已建或在建海岸工程累积影响等数据信息的基础上，采用现行有效的海域环境质量标准、放射性评价标准、海洋生物最大可承受声压限值、环境噪声限值、污染物排放标准等技术规范及权威文献，加强统计学软件运用，以及水动力、侵淤、污染源扩散等数学模型，系统详尽地分析项目建设的直接占用和间接影响的方式及程度。

2.7 生态影响结论的方向

结论不是对分析内容作简单的重复或摘要，应注重综合各方影响程度大小，做出具有倾向性的判断，明确工程占用或影响红树林生态系统的程度，及所产生的生态影响能否接受的结论。项目建设是否可行，应谨慎下结论，但必须下明确的结论，否则管理部门无从做出审核意见。结论部分通常从项目建设对红树林资源、生境及生态系统三大层面的影响进行总结，并从合法依规的角度及保护措施得到落实的前提下做出明确的结论。

2.8 生态保护措施对策建议的方向

此前所有的现场调查、资料收集、分析评价及下结论，都是评价的重要环节。同时，生态保护措施部分设置的种种方法，目的是针对此前分析过程中隐含的诸多前提、假设、假定，一一设计出可执行的方法、方式。在采取切实有效的保护和恢复措施的前提下，保证建设项目对红树林的影响在可控制、可接受的范围。防范与减缓措施应从两个方面考虑：一是项目建设的特点、影响强弱及过程，二是项目所处环境的特点及红树林敏感性。

应秉承科学合理、可行有效的原则，从具体实际出发，设计出专业、针对性强的生态保护措施。通常可从加强公众科普教育、提升施工人员素质、执行综合监管监督措施、落实生态补偿方案、实施生态修复计划、开展跟踪监测评价、生态化人工生境、防控有害生物危害等方面着手。计划的制订和实施并不是终点，还有赖于有关部门全过程、全流程的监督检查，及时评价判断把握好每一道关口，并积极运用评价结果进行奖惩。

第三章 研究案例海域——钦州湾的自然条件

3.1 地理区位

钦州湾位于北部湾顶部，广西海岸中段，经纬度为 $108°28'20''\sim 108°15'30''E$，$21°33'20''\sim 21°54'30''N$。钦州湾是广西钦州市和防城港市共有的一个海湾，沿岸西部为防城港市的茅岭镇、光坡镇、企沙镇，东部为钦州市的康熙岭镇、尖山街道、沙埠镇、大番坡镇、犀牛脚镇，湾中部为钦州市的龙门港镇。钦州湾由内湾（茅尾海）、湾颈和外湾（狭义上的钦州湾）构成，中间狭窄，两端宽阔，呈哑铃状。东、西、北三面为陆地所环绕，南面与北部湾相通，是一个半封闭型天然海湾。钦州湾湾口宽约 28 km，纵深约 39 km；海湾岸线长约 460 km；海湾面积约 474 km²，其中滩涂面积约 184 km²。

钦州湾坐拥北部湾，背靠祖国大西南，面向东南亚，东连粤港澳，地处华南经济圈、西南经济圈与东盟经济圈的接合部，是广西联系东盟的"桥头堡"和广西对外开放的前沿。钦州湾两岸主要分布着中国（广西）自由贸易试验区钦州港片区、千万标箱集装箱干线港、中马钦州产业园区等产业集聚区域，肩负着西部陆海新通道及向海经济发展、引领中国 – 东盟开放合作的重任。湾内域规划了金谷港区、大榄坪港区、三墩港区等三个枢纽港区，以及茅岭港区、大小冬瓜港点、龙门港点、沙井港点和三娘湾港点等。

防城港核电厂周边区域属于《中国生物多样性保护战略与行动计划（2011—2030年）》中 35 个生物多样性保护优先区域的桂西南山地区和南海保护区域，是全球 36 个生物多样性热点地区之一，是广西海洋保护地最密集的区域之一。核电厂周边海域已建的海洋自然保护地有广西钦州茅尾海国家级海洋公园、广西茅尾海自治区级红树林自然保护区，拟建中的有三娘湾中华白海豚保护区；自治区重要湿地有广西钦州茅尾海红树林自治区重要湿地、广西防城港山心沙岛自治区重要湿地。在以核电厂为中心、半径 30 km 的海域分布着红树林、盐沼、海草床、牡蛎礁等多种典型海洋生态系统，以及广阔的滨海湿地和浅海海域，是中华白海豚（*Sousa chinensis*）、中国鲎（*Tachypleus tridentatus*）、圆尾蝎鲎（*Carcinoscorpius rotundicauda*）、白氏文昌鱼（*Branchiostoma belcheri*）等国家重点保护野生动物的乐园，是香港巨牡蛎

（*Crassostrea hongkongensis*）、卵形鲳鲹（*Trachinotus ovatus*）、中国花鲈（*Lateolabrax maculatus*）、真赤鲷（*Pagrus major*）、黄鳍棘鲷（*Acanthopagrus latus*）、黑棘鲷（*Acanthopagrus schlegelii*）和拟穴青蟹（*Scylla paramamosain*）等海产品的重要养殖区，是二长棘犁齿鲷（*Evynnis cardinalis*）、长毛明对虾（*Fenneropenaeus penicillatus*）、墨吉明对虾（*Fenneropenaeus merguiensis*）、日本囊对虾（*Marsupenaeus japonicus*）、近缘新对虾（*Metapenaeus affinis*）、文蛤（*Meretrix meretrix*）等海洋经济动物的重要捕捞渔场。该海域的特点是物种多样、系统典型、生态优美、海产丰裕。

3.2 区域气候

3.2.1 气温

钦州气象站 1953—2017 年气象资料显示，钦州湾区域多年平均气温为 22.3 ℃，月平均气温以 7 月最高，为 28.5 ℃；1 月最低，为 13.7 ℃。

钦州湾的极端最高气温大多数出现在 7 月，其次是 8 月，但个别年份出现在 9 月，如 1954 年出现在 9 月 7 日。根据钦州气象站资料统计，历年极端最高气温总体略呈上升趋势，平均每 10 年上升约 0.12 ℃；各年极端最低气温通常出现在 1 月或 2 月，少数年份出现在 12 月；极端最低气温为 -1.8 ℃，出现在 1955 年 1 月 12 日。根据钦州气象站资料统计，极端最低气温上升趋势很明显，大约每 10 年上升 0.49 ℃，与全球气候变暖趋势一致。自 20 世纪 70 年代以来，钦州湾极端最低气温持续偏高。

同时，结合 2008—2022 年钦州市海洋局资料统计（见图 3-2-1）可知，区域多年平均气温为 23.0 ℃；月平均最高气温为 30.8 ℃，出现在 2010 年 7 月；月平均最低气温为 9.1 ℃，出现在 2011 年 1 月。极端最高气温为 39.9 ℃，出现在 2009 年 10 月；极端最低气温为 3.1 ℃，出现在 2008 年 1 月。平均气温具有明显的年度变化周期，每年 1 月至 8 月气温逐月回升，8 月至翌年 1 月间气温逐月下降。

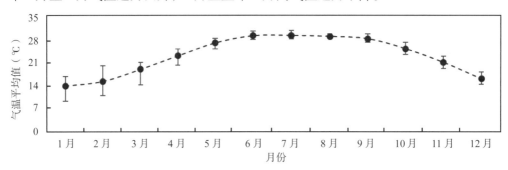

图 3-2-1 钦州湾 2008—2022 年月平均气温

3.2.2　气压

钦州湾气压的变化主要由季风环流引起。冬半年，由于受蒙古干冷气团控制，局部地区气压值较高；夏半年，西太平洋副热带高压向北推进，常在 4 月可覆盖整个华南地区。受这种暖湿气团影响，钦州湾从 5 月起平均气压就开始明显下降，在 7—8 月热带气旋的活动高峰期，平均气压出现最低值。9 月起，随着副热带高压带的消退，北方冷空气活动的加强，钦州湾气压值逐渐回升，通常在 12 月至翌年 1 月达最高值。

据钦州气象站 1956—2017 年资料，钦州湾多年平均气压为 1011.2 hPa；1 月平均气压最高，为 1019.6 hPa；7 月平均气压最低，为 1003.1 hPa。历年极端最高气压为 1035.6 hPa，出现在 12 月；极端最低气压为 973.6 hPa，出现在 7 月。

3.2.3　降水量

据钦州气象站 1953—2017 年资料，钦州湾多年平均年降水量为 2173.1 mm。年降水量既有年际变化，也有年内变化。一年中降水量的变化，大致与夏季海洋气团的进退趋势一致。降水量多集中于春夏两季，这也是季风气候的特征。春、夏两季降水量占全年降水量的 77.6%，秋、冬两季降水量仅占 22.4%，夏多于春，秋多于冬。在一年中，最多一个月降水量占全年总降水量的 20.5%，高于冬季三个月降水量总和。5—8 月连续最大月降水量占全年降水量 68.5%。

3.2.4　湿度

据钦州气象站 1953—2017 年资料，钦州湾多年平均相对湿度为 80%；月平均相对湿度以 8 月最高，为 86%；12 月最低，为 71%。近 60 年来年相对湿度在 74%～86%，总体上年际之间变幅不大。自 20 世纪 80 年代中期以来，年均相对湿度呈下降趋势，每 10 年下降 1%，整体上不明显。从各月相对湿度年代变化看，20 世纪 50 年代至 90 年代，各月的相对湿度年代际差异不明显，其中 60 年代的 10 月至 2 月及 4 月为最高。21 世纪以后，各月的相对湿度明显偏小，除 2 月和 6 月外，其他各月的相对湿度比其他年代偏低 2%～8%。

3.2.5　风况

1961—2017 年钦州湾风向统计资料（见表 3-2-1）显示，全年主导风向为 N，频率为 19.1%；次主导风向为 S，频率为 10.4%。钦州湾区域季风特征明显：夏季主导风向为 S，频率为 17.6%；秋季主导风向为 N，频率为 24.5%；冬季主导风向为 N，频率为 31.9%；春季主导风向不明显，N 和 S 向风交替出现，频率分别为 15.5% 和

14.0%；全年静风频率为 9.5%。

表 3-2-1 钦州湾 1961—2017 年各风向频率

（单位：%）

风向	N	NNE	NE	ENE	E	ESE	SE	SSE	S
频率	19.1	9.7	4.9	3.0	3.4	4.2	4.5	5.7	10.4
风向	SSW	SW	WSW	W	WNW	NW	NNW	C	/
频率	8.2	2.8	1.3	0.7	1.0	2.1	9.8	9.5	/

1953—2017 年钦州湾年平均风速为 2.5 m/s（见表 3-2-2）。冬春季风速较高，夏末秋初风速较低。年平均风速总体呈明显下降趋势：20 世纪 70 年代以前呈缓慢下降趋势；1970—1980 年下降速率加快；1980 年到 20 世纪 90 年代中期变化不大，平均风速略有增加；1995 年至今，年平均风速又呈明显下降趋势。

表 3-2-2 1953—2017 年各月平均风速

（单位：m/s）

月份	1	2	3	4	5	6	7	8	9	10	11	12
风速	2.8	2.8	2.7	2.6	2.7	2.5	2.5	2.0	2.2	2.4	2.5	2.5

3.2.6　蒸发量

1953—2001 年钦州湾多年平均蒸发量为 1718.0 mm，年蒸发量在 1392.5 mm（1953 年）～ 1897.5 mm（1963 年），年际间波动变化较明显。从历年变化趋势看，蒸发量略有减少的趋势，但不明显。月平均蒸发量以 7 月最高，为 187.5 mm；2 月最低，为 79.8 mm。

3.2.7　日照

钦州湾区域日照比较充足，一年中夏秋季日照时数最多，冬季较少。根据钦州气象站 1953—2017 年记录，钦州湾多年平均日照时数为 1738.1 h，日照百分率为 39%，各月日照百分率在 18%～ 55%。

3.3　海洋水文

3.3.1　表层海水温度

据 2008—2022 年资料统计，钦州湾海域多年平均水温为 24.0 ℃；月平均最高水温为 31.8 ℃，出现在 2012 年 7 月；月平均最低水温为 9.5 ℃，出现在 2008 年 2 月。

极端最高水温为 35.0 ℃，出现在 2012 年 7 月；极端最低水温为 7.6 ℃，出现在 2008年 2 月。平均水温具有明显的年度变化周期，每年 1 月至 8 月气温逐月回升，8 月至翌年 1 月间气温逐月下降。

3.3.2　表层海水盐度

海水盐度的变化，主要受径流、沿岸水、外海高盐水相互作用的影响。北部河口海域盐度低，可低至近于完全淡水，且涨落潮期之间、季节之间盐度变化较大。南部远离海岸的海域水体保持较高且稳定的盐度。冬春季海水盐度高，因为枯水期入海径流小；而夏秋季为丰水期，入海流量大，因此水体盐度低。

根据 2008—2022 年资料统计，防城港核电厂周边海域多年平均盐度为 24.0；最高值为 34.5，出现在 2009 年 2 月；最低值为 1.8，出现在 2015 年 8 月。月平均最高盐度为 31.2，出现在 2011 年 2 月；月平均最低盐度为 11.2，出现在 2017 年 7 月。

3.3.3　潮汐

钦州湾潮波的运动主要由钦州湾口输入的潮波能量维持。钦州湾平均海平面高于黄海平均海平面，主要随钦江、茅岭江的枯水期和洪水期而变化。枯水期间，平均海平面低；洪水期间，平均海平面升高。最低值一般出现在 2—3 月，最高值出现在 6—9 月。

根据钦州湾龙门港潮汐资料分析，其潮汐性质属正规全日潮，每月约有 2/3 时间（20 d 左右）在一个太阴日内出现一次涨潮和一次落潮过程，约有 1/3 时间（10 d 左右）在一个太阴日内出现二次高潮和二次低潮。湾内潮汐日不等现象明显，即相邻的两个高潮或两个低潮的潮高不等，涨、落潮历时也不相等。

根据龙门潮位站 1966—2020 年观测资料计算，龙门潮位站潮位特征值（1985 国家高程基准，下同）如下：

历年最高潮位：3.98 m（1986 年 7 月 22 日）。

历年最低潮位：－2.55 m（1968 年 12 月 22 日）。

多年平均高潮位：1.83 m。

多年平均低潮位：－0.61 m。

多年平均潮位：0.59 m。

历年最大潮差：5.95 m。

历年平均潮差：2.44 m。

平均涨潮历时：10 h 19 min。

平均落潮历时：8 h 4 min。

3.3.4 潮流

钦州湾潮流以全日潮为主,但仍存在半日不等现象。潮流性质属于不规则全日潮流,运动形式以往复流为主。钦州湾内涨潮平均流速为 8 ～ 28 cm/s,落潮平均流速为 9 ～ 55 cm/s;最大涨潮流速为 83 cm/s,最大落潮流速为 140 cm/s,均出现在青菜头附近。钦州湾外湾潮流的流向基本上与岸线或深槽走向一致。潮流流速的分布为西部大于东部,近岸大于外海,表层大于底层。

3.3.5 波浪

钦州湾海区冬半年盛行北—西偏北风,夏半年盛行西南风。4 月、5 月和 9 月为东北气流转为西南气流和西南气流转为东北气流的季风交替时期,风向不稳定。冬季以偏北向浪为主,东北偏北—东北向浪出现频率为 30% ～ 69%,其次为东—东南向。夏季以南—西南向浪为主,其出现频率为 23% ～ 52%,其次为东—东南向。全年主浪向为东北偏北—东北向,频率为 38%;其次为南—西南偏西向,频率为 19%;再次为东—东南向。平均波高为 0.40 ～ 0.52 m,常见浪为 0 ～ 3 级。

3.4 水下地貌

钦州湾的内湾茅尾海湾面自北向南逐渐收缩,水深加大,在龙门岛东侧形成一海峡状通道主槽,水深十余米。钦州外湾呈喇叭状,发育成了 1 个巨大的落潮三角洲扇形堆积体,并被自湾颈主槽向南延伸的 3 条落潮冲刷槽所切割,冲刷槽边缘或槽底有礁石分布;在落潮冲刷槽之间发育了数条近似南北向的纵向潮流沙脊;落潮冲刷槽向南则为拦门浅滩所在,拦门浅滩以外即过渡至北部湾水下斜坡。冲刷槽的东、西水道结合人工挖槽形成东、西航道。

西航道位于钦州湾自然水道的西水道上,整个航道由人工挖槽和天然深槽组成。进港航道设计为单向航道,全长 24.4 km,航道底宽 95 ～ 110 m,乘潮水位下的航道设计水深 10 m。东航道位于钦州湾自然水道的东水道上,全长 30.7 km,航道底宽160 ～ 190 m,乘潮水位下的航道设计水深 16.43 m。

钦州湾湾内岛屿星罗棋布、港汊众多,在涨、落潮流的作用下形成三槽四滩的地貌总格局。防城港核电厂位于西滩—红沙滩,潮滩宽阔平坦,宽度 1 ～ 4 km。厂址地形呈西北—东南走向的半岛状,为沿海丘陵及滩涂地貌,丘陵部分地面高程为 5.0 ～ 50.5 m,滩涂部分地面高程为 0 ～ 3.0 m。核电厂址边缘距离西航道轴线约2 km。

3.5 工程地质

防城港核电厂址在地质构造上属于扬子（准）地台和印支 – 南海（准）地台及夹于二者之间的华南褶皱系。扬子地台是新元古代中期的晋宁运动结束期地槽演化历史而形成的前寒武纪克拉通。印支 – 南海地台是一个大部分被海水所覆盖的前寒武纪地块。华南褶皱系的主体是志留纪末封闭的加里东地槽，自泥盆纪起即与扬子地台等共同组成统一和扩大了的我国南方大陆。中生代晚期和古近纪，在华南褶皱系，特别是其南部和印支 – 南海地台发生了强烈的裂陷作用，形成一些如北部湾和珠江口等的大型裂陷盆地，其中以南海中央海盆地最大，并出现海洋地壳。到新近纪，裂陷作用进入拗陷阶段，统一南海盆地开始形成。第四纪时，盆地基本消失，成为统一大陆架的组成部分。总之，华南和南海地区大地构造的形成和发展经历了两大阶段：自中元古代经古生代至中生代初，活动地槽向稳定的地台转化并形成统一的大陆；晚中生代和古近纪受到裂陷作用的强烈改造，新近纪以来裂陷作用渐趋消失。因此，防城港核电厂所在区域的地质构造基本上属于新地台的范畴。虽然在白垩纪和古近纪受到裂陷作用的强烈改造，但新近纪以来裂陷作用趋于消失。

3.6 海洋自然灾害

3.6.1 热带气旋

热带气旋是夏半年袭击北部湾海洋，对广西沿海地区危害最大的一种海洋灾害。钦州湾属南亚热带季风气候区，受热带气旋影响频繁，平均每年有 3 ～ 4 次热带气旋影响钦州湾。根据 1951—2017 年资料统计，影响广西的热带气旋共 328 个，其中进入广西及其近海的热带气旋共 145 个，平均每年 2.16 个，最多年份为 6 个（1994 年、1995 年）。影响广西的热带气旋主要集中出现在 7—9 月，占总数的 74.12%；其次是6 月和 10 月，各占 12.41% 和 7.99%。

影响广西的热带气旋主要发源于南海和西太平洋海域，其中南海热带气旋以 8 月最多，西太平洋热带气旋以 7 月最多。影响钦州湾的热带气旋主要在湛江市以西（或以南）沿海登陆。该型热带气旋在 1951—2017 年间影响广西的热带气旋中出现次数最多，占总数的 50.48%，主要出现在 8 月。该型热带气旋在进入广西影响区时，强度一般较大，其中 42.41% 在进入时保持强热带风暴或台风强度（中心最大平均风速24.5 ～ 41.4 m/s),6.33% 保持强台风或超强台风强度(中心最大平均风速41.5 m/s 以上)。其中以 2014 年 "威马逊" 台风引发的风暴潮造成受灾人口、经济损失等方面影响最大。

3.6.2　风暴潮

钦州湾的风暴潮一般始于每年 5 月，止于 11 月，尤以 7—9 月发生最多。据不完全统计，在 1949—2010 年的 62 年中，造成广西沿海受灾较为严重的台风共 50 多次，且多数台风均不同程度地诱发台风暴潮，并造成一定的灾害损失。灾害较为严重的台风暴潮有 6508 号、8217 号及 8609 号三场。如 8609 号台风暴潮，影响期间为天文潮大潮期，最大增水与天文潮高潮相叠，导致广西沿岸出现高水位（比历史最高水位高 0.4 m）。受这场台风暴潮的袭击，广西沿海约 1000 km 的海堤有 80% 被高潮巨浪冲垮，造成经济损失约 3.9 亿元。近年来风暴潮灾害程度偏轻，2020 年出现了一次风暴潮灾害过程，造成直接经济损失 330 万元。

3.6.3　暴雨

钦州湾沿岸地形低平，雨量丰富，是广西沿岸暴雨最多的地区之一。以钦州市为例，累年平均雨量在 50 mm 及以上的暴雨天数为 9.7 d，80 mm 及以上的暴雨天数为 4.2 d，100 mm 及以上的暴雨天数为 2.5 d。暴雨在一年四季均有可能出现，以夏季 6—8 月最多，暴雨天数占全年的 73%。钦江、茅岭江流域平均每年出现洪涝 0.9 次，平均维持时间为 26 h。

3.6.4　海雾

广西沿海及北部湾一年四季均有可能出现雾天气，平均每年海上雾日 20 ～ 25 d，历年最多雾日 32 d（1985 年）。海雾多发于冬春季（11 月至翌年 4 月），尤以 3 月最多。海雾生成以早晨 4 点到 5 点为多，持续时间一般为 3 ～ 4 h，最长可持续 1 d。

3.6.5　局地强对流灾害性天气

钦州湾强对流灾害性天气主要有雷暴、龙卷风等。此类天气一般影响时间短、范围小，但发生突然、来势凶猛、强度大，因而常常造成严重灾害。

3.6.6　地震

钦州湾海域属中强地震活动区，地震活动水平总体不高，地震强度和频度较低，历史上没有发生过 7 级以上的强震，具有分布不均匀的特点。

3.6.7　赤潮

统计表明，1984—2022 年钦州湾海域共记录赤潮 10 次（见表 3-6-1）。赤潮优势种主要有红海束毛藻（*Trichodesmium erythraeum*）、夜光藻（*Noctiluca scintillans*）、球形棕囊藻（*Phaeocystis globosa*）、丹麦细柱藻（*Leptocylindrus danicus*）、血红哈卡藻（*Akashiwo sanguinea*）、锥状斯克里普藻（*Scrippsiella trochoidea*）、链状裸甲藻（*Gymnodinium catenatum*）等。

表 3-6-1　1984—2022 年钦州湾海域赤潮发生情况

发生时间	基本概况	赤潮生物	面积（km²）
1984 年 7 月	不详	红海束毛藻	不详
2008 年 4 月	不详	夜光藻	25
2010 年 5 月	发生面积较大	球形棕囊藻	150
2011 年 4 月	大量鱼类死亡	夜光藻	不详
2012 年 3 月	不详	丹麦细柱藻	不详
2014 年 12 月	近岸海域分布较多	球形棕囊藻	不详
2015 年 1 月	规模大、范围广	球形棕囊藻	不详
2016 年 5 月	发生一次无毒赤潮	血红哈卡藻	20
2021 年 8 月	最高细胞浓度 1.35×10^8 ind/L，未造成养殖生物异常死亡	锥状斯克里普藻	21
2021 年 9 月	最高细胞浓度 1.1×10^6 ind/L，未造成养殖生物异常死亡	链状裸甲藻	3.54

3.7　红树林资源

范航清等（2018）研究推测 1840 年左右广西有红树林约 24065.8 hm²，1949 年为 10856.6 hm²。2013 年调查时广西红树林面积仅剩 7243.15 hm²。广西 2021 年度国土变更调查成果显示，广西红树林面积已达 10404.17 hm²，主要分布在北海市（4636.09 hm²）、防城港市（2239.95 hm²）和钦州市（3528.13 hm²），较 2019 年增加了约 992 hm²，源于大面积的天然和人工幼林逐渐郁闭成林。

钦州湾是中国红树林重要分布区，2021 年红树林面积 2954.37 hm²。目前有红树植物 9 种：卤蕨、秋茄、木榄、老鼠簕、榄李、海漆、桐花树、白骨壤、无瓣海桑。半红树植物 7 种：海杧果、黄槿（*Hibiscus tiliscus*）、杨叶肖槿（*Thespesia populnea*）、水黄皮（*Pongamia pinnata*）、钝叶臭黄荆（*Premna obtusifolia*）、苦郎树（*Clerodendron inerme*）和阔苞菊（*Pluchea indica*）。钦州湾红树林以桐花树群落和白骨壤群落为主，无瓣海桑人工林面积也较大。无瓣海桑为外来种，集中分布在北部河口区，并扩散至南部海域。

3.8 珍稀濒危海洋动物

3.8.1 中华白海豚

中华白海豚又名印度太平洋驼背豚，属脊索动物门哺乳纲海豚科动物，是国家一级保护野生动物。其体修长，呈纺锤形，喙突出且狭长。刚出生的白海豚体长约 1 m，性成熟个体体长 2.0 ~ 2.5 m，最长达 2.7 m，体重 200 ~ 250 kg；背鳍突出，位于近中央处，呈后倾三角形；胸鳍较圆浑，基部较宽，运动极为灵活；尾鳍呈水平状，健壮有力，以中央缺刻分成左右对称的两叶，有利于其快速游泳。上、下颌的每侧都有 32 ~ 36 枚圆锥形的牙齿，齿列稀疏。吻部狭、尖而长，长度不到体长的十分之一。喙与额部之间被一道 "V" 形沟明显地隔开。脊椎骨相对较少，椎体较长。鳍肢上具有 5 指。体色呈象牙色或乳白色，背部散布有许多细小的灰黑色斑点，有的腹部略带粉红色，短小的背鳍、细而圆的胸鳍和匀称的三角形尾鳍均近似淡红色的棕灰色。中华白海豚是一种沿岸定居性的小型齿鲸类，繁殖能力较低，对栖息地环境要求比较高，喜栖于亚热带河口咸淡水交汇水域。

中华白海豚是沿海生态系统的旗舰种和环境指示种，主要分布于中国宁德至印度马杜赖（Madurai）的东亚、东南亚和南亚的河口及近岸海域。中华白海豚的生存状况不容乐观，1988 年中华白海豚被列为我国国家一级保护野生动物，2008 年被世界自然保护联盟濒危物种红色名录列为近危物种（Near threatened），2017 年被提升到易危种（Vulnerable），全球种群个体数量呈现下降趋势。我国沿海分布着 5 个公认的中华白海豚种群，即广西沿海种群、雷州湾种群、珠江口种群、厦门种群和台湾西海岸种群。广西沿海种群主要分布在三娘湾和沙田海域，其中广西三娘湾有着我国唯一的一处成规模的白海豚观光旅游地，但缺乏有效的保护地规划及实施。受人类因素扰动影响，三娘湾中华白海豚的种群数量呈现下降趋势。三娘湾存在周边海域围填海规模较大、环境质量较差、海洋交通运输发展迅速、滩涂和浅海养殖规模大、海豚观光旅游不规范等棘手的问题，这些人为因素严重影响了中华白海豚的生存与发展。

3.8.2 中国鲎

中国鲎是节肢动物门肢口纲鲎科动物，广西当地俗称鲎，是国家二级保护野生动物。中国鲎由头胸部、腹部和尾剑 3 部分组成，全体覆盖着硬甲，背面圆突，腹面凹陷。头胸部背甲广阔，呈马蹄形。腹部略呈六角形，雄鲎两侧缘有 6 对可活动的倒刺，雌鲎仅 3 对较显著。腹部末端有 3 枚尖刺。尾剑呈三棱锥形，在上棱角及下侧两棱角基部均有锯齿状小刺，长度大致等于背甲。中国鲎生活在潮间带至浅海，在我国分布于南海和东海。成年中国鲎一般生活在深水区，每年6—8月回到沙滩上产卵，对沙滩的沙质和温度等自然环境有很高的要求。入秋后，返回深水区过冬。幼鲎在滩涂上长到9岁才移居浅海，一般要到13岁才达到性成熟。中国鲎是地球上最古老的物种之一，在地球上出现的时期可追溯到3亿多年前的石炭纪。世界上已发现的鲎化石种类约31种，现仅存4种，分别是分布于美国西海岸的美洲鲎（*Limulus polyphemus*），以及分布于亚洲的中国鲎、巨鲎（*Tachypleus gigas*）和圆尾蝎鲎。鲎在进化过程中形态变化不大，因此被称为"活化石"。

3.8.3　圆尾蝎鲎

圆尾蝎鲎是节肢动物门肢口纲鲎科动物，又称圆尾鲎、东南亚鲎，在北部湾沿海地区被称为"鬼鲎"或"鬼仔鲎"，是国家二级保护野生动物。圆尾蝎鲎通常活动在河口泥滩、红树林等生境，又有"红树林马蹄蟹"之称，主要以小型底栖动物为食。身体由头胸部、腹部和尾剑3部分组成，全体覆以硬甲，背面圆突，腹面凹陷。头胸甲背面突起较低、内凹较浅。腹部呈六角形，两侧缘有6对可活动的倒刺。腹部末端无尖刺。尾剑呈半圆柱形，光滑无小刺，尾剑明显长于背甲。圆尾蝎鲎雄鲎第一、二对步足末节呈向内弯的钳子状，且同龄条件下，雄鲎体形较雌鲎偏小。雌雄配对时，雄鲎用第一、二对步足牢牢攀附住雌鲎腹部背面的棘刺，覆在雌鲎背部。在繁殖季节，圆尾蝎鲎产卵环境为淡水或半咸水水域。鲎因特殊的生境需求被视为监测沿海环境健康状况的指示物种和前哨物种。圆尾蝎鲎外形与中国鲎相似，但其体内含河豚毒素和贝类毒素，误食会造成中毒甚至危及生命。

3.8.4　白氏文昌鱼

白氏文昌鱼是脊索动物门头索纲文昌鱼目文昌鱼科动物，属国家二级保护野生动物。体呈白色半透明，两端尖，体侧扁，具贯穿头尾的脊索。口几乎位于中线上，围鳃腔封闭，身体两侧皆有鳃裂及生殖腺，腹褶对称且沿腹侧直达围鳃腔孔后，不与腹鳍相连。平均体长约25 mm（6.5～44 mm），背鳍基室数约307（274～374），腹鳍基室数约59（47～92）。肌节数共65（63～66），分别为围鳃腔孔前37（35～38）、围鳃腔孔与肛门间17（16～18）、肛门后11（9～12）。生殖腺数最高可达27。最小成熟个体长23.5 mm。心脏仅为能跳动的腹血管，血液无色。脑不发达，仅有脑神经2对。排泄器官为按节排列的许多肾管，各自单独向外开口于围鳃腔。体背中央有1条低的背鳍褶，尾鳍矛状。腹部有1对腹褶，其会合处有腹孔。肛门接近尾鳍。雄鱼的生殖腺白色，雌鱼的柠檬黄色。1 龄鱼体长 18～22 mm，2 龄鱼平均体长 29 mm，3 龄鱼平均体长 45 mm，高龄鱼体长可达 63 mm（见于厦门）。寿命 3～4 年。

白氏文昌鱼生活在水深 8～15 m、水质澄清、潮流缓慢、底质为沙的海区，营潜居生活。潜沙时，倒卧潜入疏松的沙质滩里，然后再把前端露出滩面。福建厦门刘五店的文昌鱼密集区滩涂沉积物中，碎贝壳占 3.0%～4.0%，直径 1.0～＜1.5 mm 的颗粒占 36.5%，直径 0.5～＜1.0 mm 的颗粒占 42.5%，直径 0.5 mm 以下的颗粒占 18.0%。游泳能力弱，钻沙速度快，移动范围不大。适宜生长海水盐度为 21.0～31.6，低于 15 则不能正常生活。

世界上只有我国福建厦门刘五店形成文昌鱼渔场，历史上以 20 世纪 30 年代产量最高，年产曾达 250 t，但自 70 年代以后不能形成渔场，目前已处于濒危状态。白氏文昌鱼在广西分布很广，但不形成渔场。

第四章 钦州湾海洋放射性及生态环境历史状况

4.1 钦州湾海洋放射性及海洋生态监测历史

钦州湾海洋放射性水平及海洋生态环境状况，是各级政府和社会公众高度关注的大事，加强生态环境监测是相关部门履职尽职的重要抓手之一。在2014年秋季和2015年春季，广西壮族自治区海洋研究院组织实施了防城港核电厂运行前的本底调查，以一期核岛为中心、半径30 km的海域为调查范围，设置海水环境质量、海水放射性水平、沉积物环境质量、生物质量、初级生产力、浮游生物、底栖动物、潮间带生物、渔业资源调查站位（见图4-1-1），并调查1种红树植物和2种养殖动物的放射性水平。2015年夏季，除上述海洋生态环境状况调查外，还设置了3个红树林固定样地和5条潮间带生物调查断面，开展了红树林群落和潮间带底栖动物调查。2016年夏季至

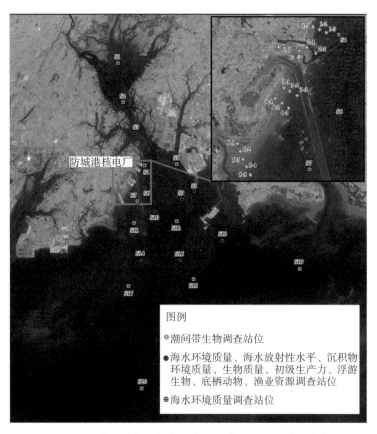

图 4-1-1 钦州湾核电影响海域 2014 年本底调查站位分布

35

2018 年夏季，连续开展海洋放射性水平和海洋生态质量监测。2018 年后海洋环境监测职能转变，广西壮族自治区海洋研究院终止了该项监测工作。上述在防城港核电厂建设和运行各时期的海洋生态监测所获数据，为阶段性状态的定量评价提供了依据，为保障人民群众的生命财产安全，促进北部湾沿岸社会、经济、生态环境的健康和谐与可持续发展起到了重要作用。

4.2 核电一期运行前钦州湾海洋生态环境本底水平

4.2.1 海水环境质量

4.2.1.1 2014 年秋季

2014 年秋季海水盐度差异较大，在 17.45 ～ 31.38，平均盐度为 27.83，基本呈现出近岸低、远岸高的变化规律。盐度差异较大主要与周边的淡水输入有关，受钦江和茅岭江的影响，S1、S2、S3、S4 和 S6 站位的盐度随着与两江距离的增大而增大，金鼓江附近的 S5、S8、S9 站位也出现同样的变化趋势。

pH 的变化范围为 7.50 ～ 8.21，平均值为 8.02，平面分布基本呈现出湾内低、湾外高的变化规律。

溶解氧浓度在 6.80 ～ 8.09 mg/L，平均值为 7.42 mg/L，所有站位均达到一类海水标准。

化学需氧量的变化范围为 0.49 ～ 2.04 mg/L，平均值为 1.07 mg/L。除 S1 站位外，其余各站位的浓度均达到一类海水标准。在平面分布上，最高值出现在茅尾海中部的 S1 站位，其次在东湾湾口 S16 站位，最低值是离岸最远的 S20 站位，其余各站位的浓度基本接近。

悬浮物浓度在 13.8 ～ 87.8 mg/L，平均值为 23.9 mg/L。受河流影响，茅尾海北部水中悬浮物浓度较高，湾外较低。

无机氮浓度在 0.075 ～ 0.466 mg/L，平均值为 0.152 mg/L。受河流输入和临港工业排污等的影响，无机氮的平面分布基本呈现出湾内高、湾外低，近岸高、远岸低的变化趋势。湾内的 S1—S5 站位和靠近核电厂一侧海岸线的 S7、S11 站位均稍劣于一类海水标准，其余站位均达到一类海水标准。

无机磷浓度在 0.011 ～ 0.040 mg/L，平均值为 0.018 mg/L。与无机氮的分布规律基本相同，湾内 S1—S5 站位和近岸的 S6、S7、S8、S10 站位均稍偏高，均劣于一类海水标准，但不同的是湾外个别站位如 S17、S20 也劣于一类海水标准。

硫化物浓度较低，在 2.55 ～ 9.50 μg/L，平均值为 5.29 μg/L，所有站位均优于一类海水标准。平面分布上，硫化物基本呈现出湾内外高、中部低的变化规律。

油类浓度在 0.009 ～ 0.055 mg/L，平均值为 0.027 mg/L。仅 S1、S3、S5 站位稍劣于一类海水标准，其余各站位均达到一类海水标准。可能受河流输入影响，靠近钦江、茅岭江的 S1、S2、S3 站位油类浓度均相对较高，同样地，靠近金鼓江的 S5 和 S8 站位油类浓度也较高。

挥发酚浓度较低，在未检出～ 2.98 μg/L，平均值为 1.06 μg/L，所有站位均达到一类海水标准。整体上湾内和湾外的浓度比中部的高，尤其是 S19 和 S5 站位最为明显。

汞的浓度较低，仅 6 个站位检出，变化范围为未检出～ 0.0180 μg/L，平均值为 0.0058 μg/L，均达到一类海水标准。平面分布上呈现出中部高、湾内外低的变化规律。

砷的浓度在 0.74 ～ 2.87 μg/L，平均值为 1.51 μg/L，所有站位均达到一类海水标准。在平面分布上，S17 站位浓度最高，S12 次之，S1 站位最低。

铜的浓度变化范围为 0.41 ～ 8.58 μg/L，平均值为 2.06 μg/L。除湾外 S20 站位稍劣于一类海水标准外，其余各站位均达到一类海水标准。平面分布上，湾外西南部的 S16、S17、S20 站位浓度相对较高，湾内 S1 站位和金鼓江入海口附近的 S5、S9 站位浓度也相对偏高，但整个调查海域铜浓度均较低。

锌的浓度变化范围为未检出～ 47.0 μg/L，平均值为 15.5 μg/L。茅尾海中部的 S1 站位，核电厂附近的 S3、S4、S6 站位和防城港东湾湾口附近 S16 站位锌的浓度稍劣于一类海水标准，其余各站位均达到一类海水标准。

铅的浓度在 0.110 ～ 4.29 μg/L，平均值为 1.34 μg/L。在平面分布上基本呈现湾内低、湾外高的变化规律，湾内仅 S5、S12 两个站位浓度偏高，劣于一类海水标准，湾外 S14—S17、S20 等 5 个站位的浓度均劣于一类海水标准。

镉浓度偏低，在 0.026 ～ 0.193 μg/L，平均值为 0.062 μg/L。所有站位均优于一类海水标准。在平面分布上，钦州湾湾口附近 S8—S12 站位浓度相对较低，除个别站位外，湾内和湾外的镉浓度基本偏高，其中以防城港东湾湾口的 S16 站位和离海岸线最远的 S20 站位最甚。

总铬浓度较低，在 1.19 ～ 10.3 μg/L，平均值为 3.21 μg/L，所有站位均优于一类海水标准。总铬的平面分布与镉的类似，也是湾口附近站位偏低，湾内和湾外偏高，最高值出现在湾外 S16 和 S20 站位。

4.2.1.2 2015 年春季

2015 年春季海水盐度在 20.58 ～ 31.67，平均值为 29.26，基本表现为近岸低、远岸高的变化规律。

pH 在 7.63 ～ 8.18，平均值为 7.96，平面分布表现为湾内低、湾外高。

溶解氧浓度在 6.75 ～ 7.52 mg/L，平均值为 7.16 mg/L，所有站位均达到一类海水标准。

化学需氧量的变化范围为 0.53 ～ 1.70 mg/L，平均值为 1.07 mg/L，所有站位均达到一类海水标准。在平面分布上，最高值出现在茅尾海中部的 S1 站位，其次是湾外的 S20 站位，其余站位基本接近。

悬浮物浓度在 1.6 ～ 22.2 mg/L，平均值为 6.9 mg/L。S4 站位的悬浮物浓度最高，可能与该站位附近正在实施填海建堤有关。

无机氮浓度在 0.044 ～ 0.299 mg/L，平均值为 0.141 mg/L。平面分布情况与 2014 年秋季基本一致，也是湾内高、湾外低，近岸高、远岸低。湾内 S1、S2 站位和近岸的 S4—S7 站位劣于一类海水标准，其余站位均达到一类海水的标准。

无机磷浓度在 0.010 ～ 0.051 mg/L，平均值为 0.029 mg/L。平面分布情况与 2014 年秋季基本一致，湾内 S1 站位浓度最高，稍劣于四类海水标准，其余大部分站位均劣于二类海水标准，水质达到一类海水标准的仅有 S16 和 S17 站位。

硫化物浓度在 2.75 ～ 7.83 µg/L，平均值为 4.36 µg/L，所有站位均优于一类海水标准。平面分布基本是近岸低、远岸高。

油类浓度在 0.007 ～ 0.032 mg/L，平均值为 0.016 mg/L，所有站位均达到一类海水标准。平面分布基本为湾内高、湾外低，最高值出现在 S10 站位。

挥发酚浓度较低，在未检出 ～ 2.40 µg/L，仅湾外 S14、S15、S16、S18、S20 等 5 个站位检出，平均值为 0.837 µg/L，均达到一类海水标准。

汞的浓度较低，在未检出 ～ 0.054 µg/L，平均值为 0.019 µg/L，除 S6 站位稍劣于一类海水标准，其余站位满足一类海水标准。呈现湾内高、湾外低的规律。

砷浓度在 0.74 ～ 4.99 µg/L，平均值为 1.63 µg/L，所有站位均达到一类海水标准，其中 S18 站位浓度最高，S10 站位次之，S1 站位最小。

铜的浓度变化范围为 2.80 ～ 8.66 µg/L，平均值为 5.01 µg/L，除 S1、S6、S7、S10、S12 和 S14 站位劣于一类海水标准外，其余站位均达到一类海水标准。平面分布为湾中部高、湾内外低。

锌的浓度变化范围为 3.90 ～ 45.8 µg/L，平均值为 8.50 µg/L，除 S18 站位劣于一类海水标准外，其余站位均达到一类海水标准。

铅浓度在未检出 ～ 1.36 µg/L，平均值为 0.312 µg/L，仅 S4、S10 站位劣于一类海水标准，其余站位均达到一类海水标准。平面分布呈湾内高、湾外低。

镉浓度较低，在未检出 ～ 0.127 µg/L，平均值为 0.059 µg/L，所有站位均达到一类海水标准。平面分布上除 S2、S5、S11 站位浓度稍高外，其余站位浓度接近。

总铬浓度较低，在未检出 ～ 8.08 µg/L，平均值为 2.70 µg/L，所有站位均达到一类海水标准。基本上呈湾内高、湾外低，湾西岸高、东岸低的分布规律。

综上，防城港核电厂周边海域的溶解氧浓度较高，均优于一类海水标准。表征有机污染程度的化学需氧量，基本达到一类海水标准。秋季悬浮物的浓度比春季的高，但春季浓度变幅比秋季的大。春秋季无机氮的平均浓度基本接近，而无机磷则是春季高于秋季，可能受河流输入和临港工业排污等的影响，无机氮和无机磷均呈现出湾内高、湾外低，近岸高、远岸低的分布规律。春季硫化物的平均浓度高于秋季的，但两季硫化物浓度均较低，均优于一类海水标准。秋季油类的平均浓度高于春季的，春秋季的平面分布均是湾内高、湾外低。总体而言整个海域油类的浓度较低，对海域环境质量影响不大。春秋季的挥发酚浓度均较低，均达到一类海水标准。调查海域内重金属汞、砷、镉、总铬的浓度较低，均优于一类海水标准；铜、锌、铅在个别站位出现稍劣于一类海水标准的现象，但总体上浓度也相对较低。

按《广西壮族自治区海洋功能区划（2011—2020 年）》的要求，2014 年秋季各调查站位水质评价因子超标情况如下：pH 和油类的超标率均为 10%，pH 超标站位是 S1 和 S4 站位，油类超标站位是 S1 和 S3 站位；无机氮、无机磷、铜、锌和铅超标率均为 5%，超标站位主要有茅尾海中部的 S1 站位或离岸最远的 S20 站位；其余各评价因子均未出现超标的现象。2015 年春季各检测项目中 pH 超标率是 15%，无机氮超标率是 5%，无机磷超标率是 55%，超标站位主要集中在茅尾海内，无机磷在湾中部和湾外的个别站位也出现了超标现象。

2014 年秋季，各评价因子中超标数量最多的是 S1 站位，有 4 项；其次是 S20 站位，有 3 项；S3 和 S4 站位各有 1 项；其余各站位均达到相应海水水质标准。2015 年春季，各评价因子中超标数量最多的是 S2 站位，有 3 项；其次是 S1 和 S3 站位，有 2 项；S4、S6、S7、S8、S10、S12、S17 和 S20 站位均仅有 1 项；其余各站位均达到相应海水水质标准。

总之，在 15 项评价因子中，防城港核电厂周边海域水质基本满足相关功能区的海水水质要求，海水水质状况良好。

4.2.2　沉积物环境质量

2014 年秋季核电厂周边海域表层沉积物中硫化物、有机碳含量变化范围分别为（$4.24 \sim 155.05$）$\times 10^{-6}$、$0.06\% \sim 1.07\%$，均优于一类沉积物标准。油类含量变化范围为未检出 $\sim 37.2 \times 10^{-6}$，均达到第一类沉积物的标准。重金属汞、砷含量变化范围分别为（$0.0079 \sim 0.0690$）$\times 10^{-6}$、（$2.92 \sim 15.4$）$\times 10^{-6}$，铜含量变化范围为（$2.56 \sim 22.8$）$\times 10^{-6}$，铅含量变化范围为未检出 $\sim 11.2 \times 10^{-6}$，锌含量变化范围为未检

出～73.0×10^{-6}，铬含量变化范围为未检出～48.9×10^{-6}，镉含量变化范围为未检出～0.114×10^{-6}，7项重金属均优于《海洋沉积物质量》（GB18668—2002）一类沉积物标准。沉积物各检测指标数值从大到小依次为泥质沉积物、泥砂质沉积物、砂质沉积物，各检测指标含量平面分布基本表现为内湾高于外湾。

按《广西壮族自治区海洋功能区划（2011—2020年）》的要求，各调查站位各评价因子的标准指数均小于1.0，均未出现超标现象，完全满足所在海洋功能区对沉积物质量的要求。

4.2.3　生物质量

4.2.3.1　2014年秋季

2014年秋季共采集24份海洋生物样品用于海洋生物质量分析，包括了19种代表性海洋生物。其中鱼类12种，分别为中国花鲈、内尔褶囊海鲇（*Plicofollis nella*）、中颌棱鳀（*Thryssa mystax*）、条马鲾（*Equulites rivulatus*）、斑鰶（*Konosirus punctatus*）、及达副叶鲹（*Alepes djedaba*）、细鳞鲗（*Terapon jarbua*）、长鳍篮子鱼（*Siganus canaliculatus*）、拉氏狼牙鰕虎鱼（*Odontamblyopus lacepedii*）、黄带鲱鲤（*Upeneus sulphureus*）、印度鳓（*Ilisha indica*）和似原鹤海鳗（*Congresox talabonoides*）；甲壳类4种，分别为近缘新对虾、长毛对虾、日本囊对虾和远海梭子蟹（*Portunus pelagicus*）；双壳类2种，分别为香港巨牡蛎、文蛤；头足类1种，为金乌贼（*Sepia esculenta*）。各调查站位海洋生物质量状况如下：

调查海域海洋生物的汞含量范围为0.012～0.054 mg/kg（湿重，下同）。其中，S18站位近缘新对虾和S11站位斑鰶的汞含量最低，均为0.012 mg/kg；S1站位内尔褶囊海鳗的汞含量最高，为0.054 mg/kg。按类群统计，鱼类的汞含量范围为0.012～0.054 mg/kg，平均含量为0.030 mg/kg；甲壳类的汞含量范围为0.012～0.023 mg/kg，平均含量为0.016 mg/kg；双壳类的汞含量范围为0.026～0.046 mg/kg，平均含量为0.036 mg/kg；头足类金乌贼的汞含量为0.032 mg/kg。调查海域的19种海洋生物的24份样品中，汞含量仅S1站位的内尔褶囊海鳗超出相应功能区海洋生物质量评价标准，其余23份样品均未超标。

海洋生物砷含量范围为0.16～1.56 mg/kg。其中，S2站位中国花鲈的砷含量最低，为0.16 mg/kg；S5站位近缘新对虾的砷含量最高，为1.56 mg/kg。按类群统计，鱼类的砷含量范围为0.16～1.42 mg/kg，平均含量为0.74 mg/kg；甲壳类的砷含量范围为0.85～1.56 mg/kg，平均含量为1.00 mg/kg；双壳类的砷含量范围为0.29～0.45 mg/kg，平均含量为0.37 mg/kg；头足类金乌贼的砷含量为0.44 mg/kg。调查海域的 19 种海洋生物的 24 份样品中，砷含量超出相应功能区海洋生物质量评价标准共有 5 份，分别是 S1 站位的中国花鲈、S11 站位的斑鰶、S16 站位的远海梭子蟹、S18 站位的黄带鲱鲤、S20 站位的似原鹤海鳗，其余 19 份样品均未超标。

海洋生物铜含量范围为未检出～ 123.70 mg/kg。其中，S4 站位香港巨牡蛎的铜含量最高，为 123.70 mg/kg。按类群统计，鱼类的铜含量均未检出；甲壳类的铜含量范围为 2.67 ～ 21.40 mg/kg，平均含量为 8.32 mg/kg；双壳类的铜含量范围为未检出～ 123.70 mg/kg，平均含量为 62.34 mg/kg；头足类金乌贼的铜含量为 3.30 mg/kg。调查海域的 19 种海洋生物的 24 份样品中，铜含量超出相应功能区海洋生物质量评价标准共有 3 份，分别是 S4 站位的香港巨牡蛎、S16 站位的远海梭子蟹、S17 站位的近缘新对虾，其余 21 份样品均未超标。

海洋生物铅含量范围为未检出～ 0.060 mg/kg，S2 站位中国花鲈的铅含量最高。按类群统计，鱼类的铅含量范围为未检出～ 0.060 mg/kg，平均含量为 0.045 mg/kg；甲壳类的铅含量范围为未检出～ 0.056 mg/kg，平均含量为 0.046 mg/kg；双壳类的铅含量均为未检出；头足类金乌贼的铅含量为 0.055 mg/kg。调查海域的 19 种海洋生物的 24 份样品中，铅含量均未超出相应功能区海洋生物质量评价标准。

海洋生物锌含量范围为未检出～ 429.10 mg/kg。其中，S4 站位香港巨牡蛎的锌含量最高，为 429.10 mg/kg。按类群统计，鱼类的锌含量范围为未检出～ 15.67 mg/kg，平均含量为 7.73 mg/kg；甲壳类的锌含量范围为 11.86 ～ 28.56 mg/kg，平均含量为 15.34 mg/kg；双壳类的锌含量范围为 13.02 ～ 429.10 mg/kg，平均含量为 221.00 mg/kg；头足类金乌贼的锌含量为未检出。调查海域的 19 种海洋生物的 24 份样品中，锌含量超出相应功能区海洋生物质量评价标准共有 2 份，分别是 S4 站位的香港巨牡蛎、S16 站位的远海梭子蟹，其余 22 份样品均未超标。

海洋生物铬含量范围为 0.04 ～ 1.82 mg/kg。其中，S7 站位长毛明对虾的铬含量最低，为 0.04 mg/kg；S1 站位内尔褶囊海鲶的铬含量最高，为 1.82 mg/kg。按类群统计，鱼类的铬含量范围为 0.09 ～ 1.82 mg/kg，平均含量为 0.38 mg/kg；甲壳类的铬含量范围为 0.04 ～ 0.78 mg/kg，平均含量为 0.29 mg/kg；双壳类的铬含量范围为 0.20 ～ 0.34 mg/kg，平均含量为 0.27 mg/kg；头足类金乌贼的铬含量为 0.11 mg/kg。调查海域的 19 种海洋生物的 24 份样品中，铬含量超出相应功能区海洋生物质量评价标准共有 2 份，分别是 S1 站位的内尔褶囊海鲶、S18 站位的近缘新对虾，其余 22 份样品均未超标。

海洋生物镉含量范围为未检出～ 2.230 mg/kg。其中，S4 站位香港巨牡蛎的镉含量最高，为 2.230 mg/kg。按类群统计，鱼类的镉含量范围为未检出～ 0.017 mg/kg，平均含量为 0.006 mg/kg；甲壳类的镉含量范围为 0.008 ～ 0.173 mg/kg，平均含量为 0.056 mg/kg；双壳类的镉含量范围为 0.268 ～ 2.230 mg/kg，平均含量为 1.250 mg/kg；

头足类金乌贼的镉含量为 0.174 mg/kg。调查海域的 19 种海洋生物的 24 份样品中，镉含量超出相应功能区海洋生物质量评价标准有 2 份，为 S4 站位的香港巨牡蛎和 S7 站位的文蛤，其余 22 份样品均未超标。

4.2.3.2　2015 年春季

2015 年春季共采集 24 份海洋生物样品用于生物质量分析，包括了 17 种代表性海洋生物。其中鱼类 10 种，分别为条纹叫姑鱼（*Johnius fasciatus*）、二长棘犁齿鲷、皮氏叫姑鱼（*Johnius belengerii*）、髭缟鰕虎鱼（*Tridentiger barbatus*）、真赤鲷、拉氏狼牙鰕虎鱼、花斑蛇鲻（*Saurida undosquamis*）、李氏鮨（*Callionymus richardsoni*）、条马鲾、长丝犁突鰕虎鱼（*Myersina filifer*）；甲壳类 5 种，分别为钝齿蟳（*Charybdis hellerii*）、日本囊对虾、亨氏仿对虾（*Parapenaeopsis hungerfordi*）、鹰爪虾（*Trachypenaeus curvirostris*）、须赤虾（*Metapenaeopsis barbata*）；双壳类 1 种，为毛蚶（*Scapharca subcrenata*）；头足类 1 种，为日本枪鱿（*Todarodes pacificus*）。各调查站位海洋生物质量状况如下：

调查海域海洋生物汞含量范围为 0.001 ～ 0.034 mg/kg。其中，S7 站位日本枪鱿的汞含量最低，为 0.001 mg/kg；S7 站位真赤鲷汞含量最高，为 0.034 mg/kg。按类群统计，鱼类的汞含量范围为 0.002 ～ 0.034 mg/kg，平均含量为 0.016 mg/kg；甲壳类的汞含量范围为 0.003 ～ 0.012 mg/kg，平均含量为 0.007 mg/kg；双壳类的汞含量为 0.003 mg/kg；头足类的汞含量范围为 0.001 ～ 0.012 mg/kg，平均含量为 0.007 mg/kg。所有站位所有动物的汞含量均未超出相应功能区海洋生物质量评价标准。

海洋生物砷含量范围为未检出～ 2.17 mg/kg。其中，S17 站位李氏鮨的砷含量最高，为 2.17 mg/kg。按类群统计，鱼类的砷含量范围为未检出～ 2.17 mg/kg，平均含量为 0.53 mg/kg；甲壳类的砷含量范围为 0.28 ～ 1.20 mg/kg，平均含量为 0.72 mg/kg；双壳类的砷含量为 0.54 mg/kg；头足类的砷含量范围为 0.26 ～ 0.44 mg/kg，平均含量为 0.36 mg/kg。24 份样品中，共有 2 份砷含量超出相应功能区海洋生物质量评价标准，即 S17 站位的李氏鮨和鹰爪虾，其余 22 份样品均未超标。

海洋生物铜含量范围为未检出～ 22.70 mg/kg。其中，S16 站位钝齿蟳的铜含量最高，为 22.7 mg/kg。按类群统计，鱼类的铜含量范围为未检出～ 4.26 mg/kg，平均含量为 1.26 mg/kg；甲壳类的铜含量范围为 2.70 ～ 22.70 mg/kg，平均含量为 7.16 mg/kg；双壳类的铜含量为未检出；头足类的铜含量范围为未检出～ 5.49 mg/kg，平均含量为 3.27 mg/kg。24 份样品中，仅 1 份铜含量超出相应功能区海洋生物质量评价标准，即 S16 站位的钝齿蟳，其余 23 份样品均未超标。

海洋生物铅含量范围为 0.044 ～ 0.269 mg/kg。其中，S11 站位真赤鲷的铅含量最高，为 0.269 mg/kg，S11 站位亨氏仿对虾的铅含量最低，为 0.044 mg/L。按类群统计，鱼类的铅含量范围为 0.052～0.269 mg/kg，平均含量为 0.113 mg/kg；甲壳类的铅含量范围为 0.044～0.146 mg/kg，平均含量为 0.085 mg/kg；双壳类的铅含量为 0.063 mg/kg；头足类的铅含量范围为 0.058～0.107 mg/kg，平均含量为 0.074 mg/kg。24 份样品中，超出相应功能区海洋生物质量评价标准的有 6 份，分别是 S2 站位条纹叫姑鱼、S11 站位真赤鲷、S16 站位钝齿蟳和花斑蛇鲻、S18 站位条马鲾、S19 站位日本枪乌贼，其余 18 份生物样品均未超标。

海洋生物锌含量范围为 3.34～33.50 mg/kg。其中，S16 站位钝齿蟳的锌含量最高。按类群统计，鱼类的锌含量范围为未检出～13.30 mg/kg，平均含量为 6.48 mg/kg；甲壳类的锌含量范围为 10.40～33.50 mg/kg，平均含量为 16.60 mg/kg；双壳类的锌含量为 18.20 mg/kg；头足类的锌含量范围为 5.56～12.70 mg/kg，平均含量为 8.87 mg/kg。24 份样品中，仅 1 份锌含量超出相应功能区海洋生物质量评价标准，即 S16 站位的钝齿蟳，其余 23 份样品均未超标。

海洋生物铬含量范围为 0.020～0.967 mg/kg。其中 S20 站位毛蚶的铬含量最高，为 0.967 mg/kg。按类群统计，鱼类的铬含量范围为 0.057～0.615 mg/kg，平均含量为 0.157 mg/kg；甲壳类的铬含量范围为 0.020～0.458 mg/kg，平均含量为 0.290 mg/kg；双壳类的铬含量为 0.967 mg/kg；头足类的铬含量范围为 0.053～0.486 mg/kg，平均含量为 0.273 mg/kg。24 份样品中，铬含量超出相应功能区海洋生物质量评价标准的共有 2 份，分别是 S17 站位的李氏鲔和 S20 站位的毛蚶，其余 22 份样品均未超标。

海洋生物镉含量范围为未检出～0.419 mg/kg。其中，S4 站位日本枪乌贼的镉含量最高，为 0.419 mg/kg。按类群统计，鱼类的镉含量范围为未检出～0.174 mg/kg，平均含量为 0.019 mg/kg；甲壳类的镉含量范围为 0.020～0.297 mg/kg，平均含量为 0.093 mg/kg；双壳类的镉含量为 0.367 mg/kg；头足类的镉含量范围为未检出～0.419 mg/kg，平均含量为 0.159 mg/kg。24 份样品中，共 3 份的镉含量超出相应功能区海洋生物质量评价标准，分别是 S1 站位的日本枪乌贼、S16 站位的钝齿蟳和 S20 站位的毛蚶，其余 21 份样品均未超标。

防城港核电厂周边海域春、秋季海洋生物质量整体水平均较好，只有少数种类的个别评价因子超出相应功能区海洋生物质量评价标准。2014 年秋季，汞和砷的超标率均为 4.17%，铬和镉的均为 8.33%，铜的为 20.83%，铅的为 12.50%，锌未超标。2015 年春季，铜和锌的超标率均为 4.17%，砷和铬的均为 8.33%，镉的为 12.50%，铅的为 25.00%，汞未超标。

4.2.4　海域初级生产力

2014 年秋季，调查海域叶绿素 a 的平均含量为 15.78 mg/m³，变化范围为 6.42 ～ 23.04 mg/m³。S7 站位叶绿素 a 的平均含量最高，为 23.04 mg/m³；S1 和 S5 站位的较低，分别为 7.87 mg/m³ 和 6.42 mg/m³；其余站位均在 10.00 mg/m³ 以上。总体而言，除茅尾海和金鼓江口附近略低外，其余各站位叶绿素 a 的含量均较高。

2015 年春季，调查海域叶绿素 a 的平均含量为 2.65 mg/m³，变化范围为 1.25 ～ 7.39 mg/m³。S20 站位叶绿素 a 的平均含量最高，为 7.39 mg/m³；其次是 S1 站位的，为 4.35 mg/m³；其余站位的均在 2.00 mg/m³ 左右。总体而言，除调查海区最南侧的 S20 站位外，其余各调查站位叶绿素 a 的含量均相对较低。

2014 年秋季，调查海域初级生产力的变化范围为 712.23 ～ 2557.96 mg•C/（m²•d），平均值为 1751.39 mg•C/（m²•d）。除 S1、S5 站位外，其余站位的初级生产力水平均高于 1000.00 mg•C/（m²•d），其中 S7 站位的最高，S7 站位的最低。总体而言，调查海域初级生产力水平较高。

2015 年春季，调查海域初级生产力的变化范围为 83.10 ～ 1131.37 mg•C/（m²•d），平均值为 255.65 mg•C/（m²•d）。平面分布上，S20 站位的初级生产力水平最高，为 1131.37 mg•C/（m²•d）；其次是 S18 站位的，为 329.93 mg•C/（m²•d）；最低的是 S12 站位，为 83.10 mg•C/（m²•d）。湾外站位初级生产力总体上比湾内的低，但春季整个海域的初级生产力水平都较低。

2014 年秋季叶绿素 a 和初级生产力水平均比 2015 年春季的高，平面分布情况差异较大，这是由于构成叶绿素 a 主体的浮游植物优势种群数量发生季节性变化。

4.2.5　浮游植物群落生态

防城港核电厂周边海域的浮游植物以近岸广盐性种类为主。

4.2.5.1　2014 年秋季

2014 年秋季，调查海域浮游植物有 3 门 25 属 44 种，其中，硅藻门有 21 属 40 种，占总种数的 90.9%；甲藻门有 3 属 3 种，占总种数的 6.8%；蓝藻门有 1 属 1 种，占总种数的 2.3%。

浮游植物优势种为旋链角毛藻（*Chaetoceros curvisetus*）、螺旋藻（*Spirulina platensis*）和佛氏海线藻（*Thalassiothrix frauenfeldii*），其优势度在 0.022 ～ 0.724，平均丰度范围为 14.93×10⁶ ～ 448.24×10⁶ cell/m³，合计占海域浮游植物丰度的 89.9%。旋链角毛藻在各个站位均有分布，以 S18 站位的丰度最高，为 1542×10⁶ cell/m³；S19 站位的最低，仅 1.00×10⁶ cell/m³。螺旋藻仅在钦州湾湾口附近的 S4、S5、S7、

S11 和 S12 站位有分布，丰度最高值出现在 S7 站位，为 732.00×10⁶ cell/m³；最低值出现在 S5 站位，为 12.00×10⁶ cell/m³。除了 S19 站位，各站位均有佛氏海线藻分布，其中湾外 S17 站位丰度最高，为 48.80×10⁶ cell/m³；最低值出现在 S1 站位，为 0.93 ×10⁶ cell/m³。

4.2.5.2　2015 年春季

2015 年春季，调查海域记录浮游植物 2 门 19 属 24 种，其中，硅藻门 17 属 22 种，占总种数的 91.7%；甲藻门 2 属 2 种，占总种数的 8.3%。其中，种类较多的属为角毛藻属（3 种）和曲舟藻属（3 种）。

浮游植物优势种为端尖曲舟藻（*Pleurosigma acutum*）、小环藻（*Cyclotella acicularis*）、海洋曲舟藻（*Pleurosigma pelagicum*）、热带骨条藻（*Skeletonema tropicum*）、舟形藻（*Navicula* sp.）、洛氏菱形藻（*Nitzschia lorenziana*）和羽纹藻（*Pinnularia borealis*），其优势度在 0.021 ～ 0.210，平均丰度范围为 0.21×10⁶ ～ 1.70 ×10⁶ cell/m³，合计占海域浮游植物丰度的 66.0%。除 S16 站位外，端尖曲舟藻在各个站位均有分布，以 S1 站位的丰度最高，为 6.2×10⁶ cell/m³；S17 站位的最低，仅 0.13×10⁶ cell/m³。除 S11、S16 和 S20 站位外，小环藻在其余各站均有分布，丰度最高值出现在 S7 站位，为 1.00×10⁶ cell/m³；最低值出现在 S18 和 S19 站位，均为 0.07 ×10⁶ cell/m³。除 S5 和 S16 站位外，各站位均有海洋曲舟藻分布，其中湾内 S1 站位丰度最高，为 3.67×10⁶ cell/m³；最低值出现在 S12 站位，为 0.07×10⁶ cell/m³。热带骨条藻在 S2、S4、S5、S7、S12 和 S20 站位均有分布，丰度最高值出现在 S2 站位，为 3.40×10⁶ cell/m³；最低值出现在 S20 站位，为 0.53×10⁶ cell/m³。除 S11、S16 和 S17 站位外，舟形藻在其余各站均有分布，其中最高值出现在 S1 站位，为 1.67 ×10⁶ cell/m³；最低值出现在 S19 站位，为 0.07×10⁶ cell/m³。洛氏菱形藻分布在 S1、S2、S5、S7、S11、S18 和 S19 站位，最高值出现在 S1 站位，为 1.53×10⁶ cell/m³；最低值出现在 S7 站位，为 0.07×10⁶ cell/m³。除 S12 和 S17 站位外，羽纹藻在其余各站位均有分布，其中最高值出现在 S1 站位，为 0.47×10⁶ cell/m³；最低值出现在 S16 站位，为 0.07×10⁶ cell/m³。

2014 年秋季各站位浮游植物丰度范围为 10.60×10⁶ ～ 1780.00×10⁶ cell/m³，平均值为 619.26×10⁶ cell/m³。2015 年春季各站位浮游植物丰度范围为 0.54×10⁶ ～ 17.00 ×10⁶ cell/m³，平均值为 5.77×10⁶ cell/m³。秋季平均丰度是春季的 107 倍。

4.2.6　浮游动物群落生态

4.2.6.1　2014 年秋季

2014 年秋季，调查海域记录浮游动物 28 种（类），分属桡足类、毛颚类、介形类、樱虾类、枝角类和浮游幼体等 6 个类群。其中，桡足类出现种类数最多，为 16 种，占总种数的 57.14%；浮游幼体居第二位，出现 8 种（类），占总种数的 28.57%；其余类群出现的种类较少，均只有 1 种。

浮游动物群落优势种有 6 种，分别为桡足类的小拟哲水蚤（*Paracalanus parvus*）、克氏纺锤水蚤（*Acartia clausi*）、针刺拟哲水蚤（*Paracalanus aculeatus*）、尖额谐猛水蚤（*Euterpe acutifrons*）以及浮游幼体类的哲水蚤幼体（*Calanus larva*）和蔓足类的介形幼虫（*Cypris larva*）。小拟哲水蚤的优势度最高，为 0.14，平均丰度为 740.39 ind/m^3，占总平均丰度的 24.13%，出现频率为 58.33%；哲水蚤幼体居第二位，优势度为 0.07，平均丰度为 481.98 ind/m^3，丰度占比为 15.71%，出现频率为 41.67%；克氏纺锤水蚤居第三位，优势度为 0.04，平均丰度为 254.85 ind/m^3，丰度占比 8.31%，出现频率为 50.00%；其余按优势度大小排序分别为介形幼虫、针刺拟哲水蚤和尖额谐猛水蚤。

平均站位浮游动物有 8 种（类），其中 S7 站位的种数最多，为 13 种（类）；S16 站位的最少，为 3 种（类）。各站位浮游动物丰度的变化范围为 859.64～18560.42 ind/m^3，平均丰度为 3068.42 ind/m^3，其中 S11 站位的丰度最高，S12 站位的次之（4833.33 ind/m^3），S20 站位的最低。

4.2.6.2　2015 年春季

2015 年春季，调查海域获浮游动物 25 种（类），分属桡足类、毛颚类、被囊类、栉水母类、原生动物和浮游幼体等 6 个类群。桡足类出现种类数最多，为 11 种，占总种数的 44.00%；浮游幼体居第二位，出现 8 种（类），占 32.00%；其余类群出现种类较少。秋季种数稍高于春季。春秋两季的桡足类种类数出现最多，其次是浮游幼体，其余类群出现种类数相对较少。春秋两季均出现的浮游动物类群共 3 个，分别为桡足类、毛颚类和浮游幼体。优势群体在类群水平上有一定变化。

浮游动物群落优势种有 5 种，分别为桡足类的小拟哲水蚤、太平洋纺锤水蚤（*Acartia pacifica*）、拟长腹剑水蚤（*Oithona similis*），被囊类的异体住囊虫（*Oikopleura dioica*）和浮游幼体类的哲水蚤幼体。哲水蚤幼体的优势度最高，为 0.293，平均丰度为 194.98 ind/m^3，占总平均丰度的 39.07%，出现频率为 75.00%；其次是小拟哲水蚤，优势度为 0.100，平均丰度为 59.90 ind/m^3，丰度占比为 12.00%，出现频率为

83.33%；太平洋纺锤水蚤居第三位，优势度为 0.029，平均丰度为 34.53 ind/m³，丰度占比为 6.92%，出现频率为 41.67%；异体住囊虫和拟长腹剑水蚤的优势度较低。秋季浮游动物优势种的种类数和平均丰度值均高于春季，第一优势种均为小拟哲水蚤，但其他优势种变化较大，说明优势类群存在一定的季节性变化。

平均站位浮游动物有 6 种（类），其中 S20、S18 和 S11 站位的种类数最多，均为 8 种（类）；S4 站位的最少，为 3 种（类）。浮游动物丰度变化范围为 79.79 ～ 1617.20 ind/m³，平均丰度为 499.05 ind/m³，其中以 S11 站位的丰度最高，为 1617.20 ind/m³；S7 站位的次之，为 945.72 ind/m³；S4 站位的最低，仅 79.79 ind/m³。

4.2.7　潮下带大型底栖生物群落生态

4.2.7.1　2014 年秋季

2014 年秋季，调查海域记录大型底栖生物 7 大类 31 种，其中软体动物门种数最多，有 16 种，占总种数的 51.61%；节肢动物门为 6 种，占 19.35%；环节动物门为 4 种，占 12.90%；棘皮动物门为 2 种，占 6.45%；其他类群为 3 种。

底栖生物密度在 5 ～ 90 ind/m²，平均密度为 37 ind/m²；S11 站位的密度最大，S1 站位的最小。生物量范围为 0.65 ～ 262.35 g/m²，平均值为 52.02 g/m²，以棘皮类为主，其次为软体类。

4.2.7.2　2015 年春季

2015 年春季，在调查海域共获底栖生物 6 大门类 41 种，其中软体动物门达 26 种，占总种数的 63.41%；节肢动物门 6 种，占 14.63%；棘皮动物门 4 种，占 9.76%；环节动物门 3 种，占 7.32%；星虫动物门和头索动物门各 1 种。

大型底栖生物密度在 8 ～ 3632 ind/m²，平均密度为 484 ind/m²；S16 站位的密度最大，S1 站位的最小。生物量范围为 0.08 ～ 376.28 g/m²，平均值为 91.35 g/m²，其中，S16 站位的生物量最大，S1 站位的最小。粗帝汶蛤（*Timoclea scabra*）在 S16 站位的密度达到 3512 ind/m²，在 S12、S19 站位也大量出现。

4.2.8　潮间带大型底栖生物群落生态

4.2.8.1　2014 年秋季

2014 年秋季，调查海域记录潮间带大型底栖生物 84 种，其中软体动物门 51 种，占总种（类）数的 60.71%；节肢动物门 19 种，占 22.62%；环节动物门多毛类 7 种，占 8.33%；星虫动物门、脊索动物门鱼类、棘皮动物门各 2 种；腕足动物门 1 种。软体类和节肢类是本调查区域潮间带动物群落的主要组成类群。

潮间带大型底栖生物的平均密度为 214 ind/m^2，平均生物量为 302.72 g/m^2。5 个调查断面中，D5 断面的平均密度最大，达 312 ind/m^2；D4 断面平均生物量最大，达 693.62 g/m^2。调查区域各调查站位中，D4-2 站位的底栖动物栖息密度最大，达 496 ind/m^2；D4-4 站位生物量最大，达 1112.92 g/m^2。优势种主要有红明樱蛤（*Moerella rutila*）、文蛤、突畸心蛤（*Cryptonema producta*）、小翼拟蟹守螺（*Cerithidea microptera*）、珠带拟蟹守螺（*Cerithidea cingulata*）、长腕和尚蟹（*Mictyris longicarpus*）。D4-2 站位的红明樱蛤种群密度高达 244 ind/m^2，D4-4 站位的文蛤种群生物量高达 804.72 g/m^2。

4.2.8.2　2015 年春季

2015 年春季，调查海域记录了潮间带大型底栖生物 102 种，其中软体动物门 64 种，包括腹足类 24 种、双壳类 40 种，占总种数的 62.75%；节肢动物门 20 种，占 19.61%；环节动物门多毛类 10 种，占 9.80%；另有星虫动物门 2 种、脊索动物门鱼类 2 种、棘皮动物门 2 种、腕足动物门 1 种、头索动物门 1 种。

潮间带大型底栖生物的平均密度为 253 ind/m^2，平均生物量为 250.17 g/m^2。5 个调查断面中，D4 断面的平均密度最大，达 580 ind/m^2；D4 断面的平均生物量最大，达 659.72 g/m^2。各站位中，D5-4 站位的底栖动物栖息密度最大，达 792 ind/m^2；D4-1 站位的生物量最大，达 957.48 g/m^2。优势种有红明樱蛤、文蛤、突畸心蛤、小翼拟蟹守螺、纵带滩栖螺（*Batillaria zonalis*）、长腕和尚蟹、蝐螺（*Umbonium vestiarium*）。D5-4 站位的蝐螺种群密度高达 620 ind/m^2，D5-3 站位的文蛤种群生物量高达 224.72 g/m^2。

4.2.9　游泳动物群落生态

4.2.9.1　2014 年秋季

2014 年秋季，调查海域记录了游泳动物 93 种，其中鱼类 64 种，占总种数的 68.82%；虾类 13 种，占 13.98%；蟹类 12 种，占 12.90%；头足类 3 种，占 3.23%；口足类 1 种，占 1.07%。

游泳动物平均密度为 44474 ind/km^2，其中鱼类为 31018 ind/km^2，虾类为 10224 ind/km^2，蟹类为 2558 ind/km^2，口足类为 516 ind/km^2，头足类仅 158 ind/km^2。S20 站位的平均密度最高，达 99899 ind/km^2。平均生物量为 403.672 kg/km^2，其中鱼类为 337.026 kg/km^2，虾类为 33.646 kg/km^2，蟹类为 24.487 kg/km^2，口足类为 7.984 kg/km^2，头足类仅为 0.529 kg/km^2。

优势种有条马鲅、及达副叶鲹、近缘新对虾、鹿斑仰口鰏（*Secutor ruconius*）、细纹鲾（*Leiognathus berbis*）、黑口鳓（*Ilisha melastoma*）、钝齿蟳、黄带鲱鲤、亨氏仿对虾、长鳍篮子鱼和刀额新对虾（*Metapenaeus ensis*）。条马鲾和及达副叶鲹的相对重要值分别达 2847.62 和 1079.68。

4.2.9.2　2015 年春季

2015 年春季，调查海域共获游泳动物 78 种，其中鱼类 45 种，占总种数的 57.69%；虾类 13 种，占 16.67%；蟹类 14 种，占 17.95%；头足类 4 种，占 5.13%；口足类 2 种，占 2.56%。

游泳动物平均密度为 52976 ind/km^2，其中鱼类为 27204 ind/km^2，虾类为 16858 ind/km^2，蟹类为 7538 ind/km^2，头足类为 927 ind/km^2，口足类仅为 449 ind/km^2。平均生物量为 330.092 kg/km^2，其中鱼类为 148.337 kg/km^2，虾类为 59.047 kg/km^2，蟹类为 103.947 kg/km^2，头足类为 12.479kg/km^2，口足类为 6.282 kg/km^2。

游泳动物优势种有真赤鲷、二长棘犁齿鲷、须赤虾、鹰爪虾、条马鲾、强壮菱蟹（*Parthenope validus*）等 6 种，前三种的相对重要值分别达到 3079.85、1147.74 和 1090.78。

调查海域的渔业资源具有如下特点：

（1）海域渔业资源种类较多。全年所获游泳动物有 125 种，其中鱼类 84 种、虾类 19 种、蟹类 16 种、头足类 4 种、口足类 2 种。鱼类和虾类利用最为充分，直接用作海鲜、饵料、活性物质提取来源或饲料等。除大型蟹类外，多数蟹类不直接被人们食用，渔获中蟹类多被遗弃或充作低值饲料。但它们是海洋食物网中的重要环节、营养级上的重要层次，对于其下营养级的控制及对于其上营养级的维持，起到极为关键的作用。

（2）大多数为沿岸、内湾地方性种类。内湾、沿岸性种类绝大多数属地方性种群，分布范围很广，大多数种类在北部湾沿海均有分布。这些种类整个生命过程的主要阶段包括索饵生长和生殖活动等，均在沿岸、内湾水域度过，不做长距离洄游。

（3）资源结构以中小型种类为主，渔获个体普遍较小。秋季的渔获个体平均体重仅为 8.36 g，其中鱼类个体平均体重为 9.92 g，蟹类为 8.15 g，虾类为 3.12 g，口足类 15.93 g，头足类为 3.33 g。春季渔获总平均体重为 5.98 g，低于秋季，其中鱼类平均体重 5.98 g，蟹类为 13.80 g，虾类为 3.46 g，口足类为 13.78 g，头足类为 12.74 g。

（4）大多数种类生命周期短、生长速度快。调查海域渔获的优势种以小型鱼类、虾类和蟹类为主。这些种类大多属生命周期较短、生长速度快的沿岸性种类。不少当年春季出生的幼鱼、幼体生长至夏秋季便成为被捕捞对象。

4.2.10 鱼卵、仔稚鱼的数量变化

4.2.10.1 鱼卵数量变化

2014 年秋季鱼卵仔鱼样品鉴定出 11 科 13 种，其中石首鱼科和鰕虎鱼科鱼类各 2 种，其余的笛鲷科、鳚科、金钱鱼科、舌鳎科、鮨科、鮨科、鲬科、鱵科、鳀科均 1 种。2015 年春季鱼卵仔鱼有 7 科 12 种，包括鰕虎鱼科鱼类 4 种，鳀科 3 种，鳚科、石首鱼科、石鲈科、鲬科、舌鳎科各 1 种。春秋两季共采集到 12 科 19 种，其中鰕虎鱼科鱼类最多，有 4 种，鳀科有 3 种，石首鱼科和舌鳎科各 2 种，其余科均仅有 1 种。

秋季采集到的鱼卵数量以鳀科最多，占总数的 73.0%；其次是舌鳎科鱼卵，占总数的 10.3%；鳚科和笛鲷科鱼卵各占 5.7%；其他科占 5.3%。秋季海域鱼卵密度变化范围为 0 ～ 18.60 ind/m³，平均密度为 4.6 ind/m³。位于外湾站位的鱼卵密度高于中部和内湾站位的。

春季采集到的鱼卵数量以石鲈科最多，占总数的 60.0%；其次是石首鱼科和鳀科鱼卵，各占 10.0%；其他科鱼类共占总数的 20.0%。春季鱼卵密度变化范围为 0 ～ 1.21 ind/m³，平均密度为 0.21 ind/m³。位于外湾站位的密度高于中部和内湾站位的。

4.2.10.2 仔稚鱼的数量分布

2014 年秋季，调查海域仔稚鱼数量以美肩鳃鳚最多，占总数的 20.7%；其次是鰕虎鱼科一种，占 17.2%；最少的是小公鱼属一种，占 13.8%。秋季调查海域的仔稚鱼密度变化范围为 0 ～ 3.58 尾 /m³，平均密度为 0.91 尾 /m³。仔稚鱼密度总体上由南向北逐渐降低。

春季调查海域仔稚鱼数量以美肩鳃鳚最多，占总数的 36.8%；其次是鰕虎鱼科一种，占 28.9%；舌鰕虎鱼占 9.2%；其余 9 种共占 25.1%。春季调查海域的仔稚鱼密度变化范围为 0 ～ 18.04 尾 /m³，平均密度为 2.36 尾 /m³。春季仔稚鱼密度大于秋季的。位于大榄坪至老人沙之间航道的 S5 站位有一个高密度区，达 18.04 尾 /m³，以美肩鳃鳚数量最多。美肩鳃鳚是一种适宜近岸珊瑚礁、潟湖及礁石区生活的鱼类，这一带填海抛石为其提供了适宜生境。外湾海域仔稚鱼密度也较大，以离岸较远生活的小公鱼、小沙丁鱼为主。

4.3 核电一期运行前钦州湾海洋放射性本底水平

4.3.1 海水放射性本底水平

4.3.1.1 人工放射性

（1）^{90}Sr。2014 年秋季海水中 ^{90}Sr 的比活度范围为 0.45 ～ 2.75 mBq/L，平均值

为（1.02±0.48）mBq/L，总体呈现出由近岸向远岸降低的趋势。2015 年春季海水中 ^{90}Sr 的比活度范围为 0.22 ～ 1.86 mBq/L，平均值为（0.94±0.46）mBq/L，除了 S19 站位，总体呈现由近岸向远岸降低的趋势。秋季海水中 ^{90}Sr 的比活度与春季海水中 ^{90}Sr 的比活度较接近，空间分布特征也较为一致。根据《海水水质标准》（GB 3097—1997），调查海域海水 ^{90}Sr 的比活度远低于标准中所规定的比活度限值 4000 mBq/L，符合海水水质标准。

（2）^{137}Cs。2014 年秋季海水中 ^{137}Cs 的比活度范围为 0.54 ～ 1.73 mBq/L，平均值为（1.35±0.29）mBq/L，总体呈现由近岸向远岸递增的趋势。2015 年春季海水中 ^{137}Cs 的比活度范围为 0.51 ～ 1.47 mBq/L，平均值为（1.04±0.25）mBq/L，总体呈现由近岸向远岸递增的趋势。春秋两季 ^{137}Cs 比活度无明显差别，且分布规律较一致。根据《海水水质标准》（GB 3097—1997），调查海域海水 ^{137}Cs 的比活度远低于标准中规定的比活度限值 700 mBq/L，春秋两季均符合海水水质标准。

（3）^{54}Mn、^{58}Co、^{60}Co、^{65}Zn、^{110m}Ag、^{134}Cs。调查海域 2014 年秋季和 2015 年春季海水中 ^{54}Mn、^{58}Co、^{60}Co、^{65}Zn、^{110m}Ag、^{134}Cs 等放射性核素的比活度均低于仪器的检测下限，故未检出这些人工放射性核素。

4.3.1.2　天然放射性

在研究海洋放射性在生态系统内之间的迁移以及电离辐射对生态系统的影响方面，天然放射性核素是非常重要的。天然放射性是海洋放射性的主体。

（1）总铀。2014 年秋季海水中总铀的含量范围为 0.90 ～ 1.94 μg/L，平均值为（1.47±0.27）μg/L。2015 年春季海水中总铀的含量范围为 1.09 ～ 3.88 μg/L，平均值为（2.34±0.81）μg/L。秋季海水中总铀的含量略低于春季的，总体均呈由近岸向远岸递增的趋势。

（2）^{226}Ra。2014 年秋季海水中 ^{226}Ra 的比活度范围为 4.51 ～ 8.60 mBq/L，平均值为（5.90±0.98）mBq/L，总体呈由近岸向远岸降低的趋势。2015 年春季海水中 ^{226}Ra 的比活度范围为 2.03 ～ 4.64 mBq/L，平均值为（2.99±0.80）mBq/L。秋季海水中 ^{226}Ra 的比活度略高于春季，但在调查海域海水中的分布特征较为一致，总体均呈由近岸向远岸降低的趋势。

（3）^{3}H。2014 年秋季和 2015 年春季海水中 ^{3}H 的比活度均在未检出～ 2.00 Bq/L。秋季大潮海水中 ^{3}H 的比活度为未检出～ 1.71 Bq/L，其中有 14 个站位海水中未检出 ^{3}H，其余站位海水中 ^{3}H 的比活度分布较为均匀。春季海水中 ^{3}H 的比活度为未检出～ 1.85 Bq/L，20 个站位中有 11 个站位海水中未检出 ^{3}H，其余站位海水中 ^{3}H 的比活度分布较均匀。

4.3.2 沉积物放射性本底水平

4.3.2.1 人工放射性

（1）^{90}Sr。沉积物中 ^{90}Sr 的比活度范围为 0.16 ~ 0.93 Bq/kg（干重，下同），平均值为（0.36±0.23）Bq/kg。调查海域砂质沉积物的 ^{90}Sr 比活度比泥质沉积物的小。

（2）^{137}Cs。沉积物中 ^{137}Cs 的比活度范围为未检出 ~ 1.05 Bq/kg，其中有 6 个站位的沉积物未检出 ^{137}Cs，即低于检测下限 0.11 Bq/kg。

（3）^{54}Mn、^{58}Co、^{60}Co、^{65}Zn、^{110m}Ag、^{134}Cs。沉积物中 ^{54}Mn、^{58}Co、^{60}Co、^{65}Zn、^{110m}Ag、^{134}Cs 等人工放射性核素比活度均低于仪器的检测下限，故未检出此类放射性核素。

4.3.2.2 天然放射性

（1）总铀。沉积物中总铀的含量范围为 1.31 ~ 10.88 μg/g，平均值为（3.36±2.61）μg/g。高值区主要集中在离岸较远的 S18 和 S20 站位，低值区位于排水口附近的 S7 站位。

（2）^{226}Ra。沉积物中 ^{226}Ra 的比活度范围为 11.13 ~ 45.77 Bq/kg，平均值为（33.26±10.74）Bq/kg。高值主要集中在离岸较远的 S17、S18 和 S19 站位，低值区主要位于 S7 和 S11 站位。

（3）^{232}Th。沉积物中 ^{232}Th 的比活度范围为 12.24 ~ 70.50 Bq/kg，平均值为（45.62±17.46）Bq/kg。低值区主要集中在 S7、S11 和 S16 站位，其他站位沉积物中 ^{232}Th 比活度的分布较均匀。

（4）^{40}K。沉积物中 ^{40}K 的比活度范围为 35.3 ~ 470.3 Bq/kg，平均值为（258.0±149.7）Bq/kg。高值区主要集中在离岸较远的 S17、S18、S19 和 S20 站位，低值区主要位于砂质沉积的 S7 和 S11 站位。

（5）总 β。沉积物中总 β 的比活度范围为 85.7 ~ 836.0 Bq/kg，平均值为（503.0±262.1）Bq/kg。高值区主要集中在离岸较远的 S17、S18、S19 和 S20 站位，低值区主要位于砂质沉积的 S7 和 S11 站位。

4.3.3 海洋生物放射性本底水平

共采集香港巨牡蛎、紫文蛤（*Meretrix casta*）、近缘新对虾、卵形鲳鲹、中国花鲈、白骨壤等 6 个物种，分析测定其组织中放射性水平。

4.3.3.1 人工放射性

（1）^{90}Sr。2014 年秋季海洋生物 ^{90}Sr 的比活度范围为 0.03 ~ 1.77 Bq/kg（鲜重，

下同），白骨壤叶子中 ^{90}Sr 的比活度最高，中国花鲈和卵形鲳鲹肌肉中 ^{90}Sr 的比活度最低。

2015 年春季海洋生物 ^{90}Sr 的比活度范围为 0.06 ～ 0.99 Bq/kg，其中白骨壤叶子中 ^{90}Sr 的比活度最高，卵形鲳鲹肌肉中 ^{90}Sr 的比活度最低。

（2） ^{137}Cs。2014 年秋季海洋生物 ^{137}Cs 的比活度范围为 0.009 ～ 0.065 Bq/kg，其中中国花鲈肌肉中 ^{137}Cs 的比活度最高，紫文蛤中的比活度最低。2015 年春季海洋生物中仅在中国花鲈和卵形鲳鲹中检出 ^{137}Cs，且基本位于检测下限附近。

目前国家并没有设定海洋生物 ^{90}Sr 和 ^{137}Cs 的标准限值，但参考《食品中放射性物质限制浓度标准》（GB 14882—94）中规定的限值（肉鱼虾类 ^{90}Sr 限制浓度为 290 Bq/kg、 ^{137}Cs 限制浓度为 800 Bq/kg）可知，春秋两季调查海域海洋生物的可食部分中 ^{90}Sr 的比活度均低于食品标准。

（3） ^{54}Mn、 ^{58}Co、 ^{60}Co、 ^{65}Zn、 ^{110m}Ag、 ^{134}Cs。海洋生物中 ^{54}Mn、 ^{58}Co、 ^{60}Co、 ^{65}Zn、 ^{110m}Ag、 ^{134}Cs 等人工放射性核素比活度均低于仪器的检测下限，故调查海域海洋生物中未检出此类人工放射性核素。

4.3.3.2　天然放射性

（1）总铀。2014 年秋季海洋生物总铀含量的范围为 5.72 ～ 78.25 μg/kg，其中中国花鲈肌肉中总铀含量最低，白骨壤叶子的最高。2015 年春季海洋生物总铀含量的范围为 3.73 ～ 36.52 μg/kg，其中白骨壤叶子中的最高，近缘新对虾中的最低。

（2） ^{226}Ra。2014 年秋季海洋生物 ^{226}Ra 的比活度范围为 0.02 ～ 0.21 Bq/kg，其中中国花鲈肌肉中 ^{226}Ra 的比活度最低，白骨壤叶子中的最高。2015 年春季海洋生物 ^{226}Ra 的比活度范围为 0.03 ～ 0.46 Bq/kg，其中香港巨牡蛎软组织中 ^{226}Ra 的比活度最低，近缘新对虾中的最高。

（3） ^{232}Th。2014 年秋季海洋生物 ^{232}Th 的比活度范围为 0.02 ～ 0.40 Bq/kg，其中中国花鲈和卵形鲳鲹肌肉中 ^{232}Th 的比活度最低，白骨壤叶子中的最高。2015 年春季海洋生物 ^{232}Th 的比活度范围为 0.12 ～ 1.33 Bq/kg，其中白骨壤叶子中 ^{232}Th 的比活度最高，卵形鲳鲹中的最低。

（4） ^{40}K。2014 年秋季海洋生物 ^{40}K 的比活度范围为 44.0 ～ 121.0 Bq/kg，其中香港巨牡蛎软组织中 ^{40}K 的比活度最低，白骨壤叶子中的最高。2015 年春季海洋生物 ^{40}K 的比活度范围为 31.5 ～ 120.5 Bq/kg，其中香港巨牡蛎软组织中 ^{40}K 的比活度最高，白骨壤叶子中的最高。

（5） ^{3}H。2014 年秋季海洋生物 ^{3}H 的比活度范围为未检出～ 3.45 Bq/kg，其中香港巨牡蛎、紫文蛤和中国花鲈肌肉中未检出 ^{3}H，近缘新对虾、卵形鲳鲹和白骨壤叶子

中可检测到 ^3H。2015 年春季海洋生物 ^3H 的比活度范围为未检出～ 4.29 Bq/kg，其中香港巨牡蛎和卵形鲳鲹中未检出 ^3H，近缘新对虾、紫文蛤、中国花鲈和白骨壤叶子中可检测到 ^3H。

（6）总 β。2014 年秋季海洋生物总 β 的比活度范围为 51.1 ～ 129.8 Bq/kg，其中香港巨牡蛎软组织中总 β 的比活度较低，白骨壤叶子中的较高。2015 年春季海洋生物总 β 的比活度范围为 35.76 ～ 161.73 Bq/kg，香港巨牡蛎软组织中总 β 的比活度最低，白骨壤叶子中的最高。

4.4 核电二期施工前（2015 年 8 月）钦州湾海洋生态基线水平

4.4.1 潮下带大型底栖生物群落生态

2015 年 8 月调查共获大型底栖生物 5 门 30 种。其中，软体动物门 20 种，包括腹足类 5 种和双壳类 15 种；环节动物门 5 种；棘皮动物门 3 种；节肢动物门 1 种；头索动物门 1 种。

大型底栖生物密度范围为 25 ～ 1390 ind/m²，平均密度为 437 ind/m²；生物量范围为 44.90 ～ 350.50 g/m²，平均生物量为 140.05 g/m²。主要优势种有斜肋齿蜷（*Sermyla riqueti*）、粗帝汶蛤等。

调查区域底栖动物群落多样性指数（ H' ）在 0.143 ～ 1.922，丰富度指数（ d ）在 0.377 ～ 1.806，均匀度指数（ J ）在 0.071 ～ 0.961。

4.4.2 潮间带大型底栖生物生态

2015 年 8 月调查共获潮间带大型底栖生物 6 门 58 种，其中软体动物门 37 种，包括腹足类 15 种、双壳类 22 种；节肢动物门 11 种；环节动物门 6 种；星虫动物门 1 种；腕足动物门 1 种；脊索动物门 2 种。

潮间带大型底栖生物栖息密度范围为 68 ～ 688 ind/m²，平均值为 280 ind/m²；生物量范围为 22.56 ～ 1175.00 g/m²，平均值为 360.86 g/m²。

潮间带大型底栖生物群落多样性指数（ H' ）范围为 0.994 ～ 3.142，丰富度指数（ d ）范围为 0.448 ～ 2.443，均匀度指数（ J ）范围为 0.446 ～ 0.934。

4.4.3 红树林固定样地大型底栖生物生态

2015 年 8 月在红树林固定样地大型底栖生物群落调查获 3 门 24 种，其中软体动物门 16 种，包括腹足类 9 种、双壳类 7 种；节肢动物门 4 种；环节动物门 4 种。

各站位栖息密度范围为 148 ～ 268 ind/m²，平均值为 194 ind/m²；生物量范围为 102.48 ～ 310.68 g/m²，平均值为 192.54 g/m²。

各站位多样性指数（H′）范围为 1.751 ～ 2.302，丰富度指数（d）范围为 0.900 ～ 1.473，均匀度指数（J）范围为 0.628 ～ 0.817。

4.4.4　游泳动物生态

2015 年 8 月拖网定点调查共获 76 种游泳动物，其中鱼类 48 种、虾类 12 种、蟹类 12 种、头足类 3 种、口足类 1 种。

调查海域游泳动物密度范围为 6709 ～ 77215 ind/km²，平均值为 30344 ind/km²，其中虾类平均密度达 13381 ind/km²，蟹类 8548 ind/km²，鱼类 4757 ind/km²，口足类 3601 ind/km²，头足类仅 57 ind/km²，分别占总量的 44.1%、28.1%、15.7%、11.9% 和 0.2%。

游泳动物生物量范围为 128.354 ～ 773.757 kg/km²，平均值为 309.694 kg/km²，其中蟹类平均生物量为 123.298 kg/km²、鱼类 89.881 kg/km²、虾类 58.083 kg/km²、口足类 36.141 kg/km²、头足类 2.290 kg/km²，分别占总量的 39.8%、29.0%、18.8%、11.7% 和 0.7%。

调查海域游泳动物群落优势种为钝齿蟳、口虾蛄（*Oratosquilla oratoria*）、周氏新对虾（*Metapenaeus joyneri*）、强壮菱蟹、近缘新对虾、亨氏仿对虾和条纹叫姑鱼，相对重要值分别为 3946.77、2353.76、2304.36、1408.25、1348.58、697.37 和 673.83，甲壳动物优势度极为显著。

调查海域的游泳动物群落多样性指数（H′）在 1.679 ～ 3.258，平均值为 2.823；丰富度指数（d）在 1.633 ～ 3.611，平均值为 2.565；均匀度指数（J）范围为 0.441 ～ 0.770，平均值为 0.650。外海站位的群落多样性程度较高，种类数也较多。

4.4.5　红树林群落生态

4.4.5.1　栏冲村样地红树群落

样地记录到白骨壤、桐花树和秋茄 3 种红树植物，群落长势良好。300 m² 的样方内植物总盖度为 70%，其中白骨壤的盖度为 45%，桐花树的盖度为 20%，秋茄的盖度为 5%。总平均株高为 131 cm，其中白骨壤平均株高 135 cm，桐花树平均株高 117 cm，秋茄平均株高 124 cm。群落密度达 118 株 /100 m²，其中白骨壤 47 株 /100 m²，桐花树 70 株 /100 m²，秋茄 1 株 /100 m²，基本无从基部分枝的白骨壤植株，但有一些呈丛状生长的桐花树植株。白骨壤、桐花树和秋茄的平均基径分别为 7.3 cm、4.2 cm 和 3.3 cm。以整个样地统计，白骨壤的平均相对重要值为 48.4，为主要优势种；桐花树的平均相对重要值为 42.0，为该群落的共优种；秋茄少且分散，平均相对重要值为 9.6。

林冠较整齐，大多数白骨壤和桐花树植株为 100 ～＜ 150 cm 株高等级，其次为 150 ～＜ 200 cm 株高等级，100 cm 以下株高等级的植株较少。

4.4.5.2　大坪坡样地红树群落

该样地仅有白骨壤和桐花树 2 种红树植物，群落稀疏，长势较差，植株矮小。样地群落总盖度为 45%，其中白骨壤 38%，桐花树 7%。群落平均株高度为 106 cm，其中白骨壤平均株高 126 cm，桐花树平均株高 97 cm。群落密度为 72 株 /100 m²，其中白骨壤 69 株 /100 m²，桐花树 3 株 /100 m²，白骨壤植株多呈丛生状。白骨壤、桐花树的平均基径分别为 8.3 cm 和 3.8 cm。3 个样方内白骨壤的平均相对重要值为 84.6，占绝对优势，桐花树的平均相对重要值为 15.4。

多数白骨壤植株株高分布在 100 ～＜ 150 cm 等级，其次在 50 ～＜ 100 cm 等级，150 cm 以上等级的植株较少见。

4.4.5.3　白沙仔样地红树群落

样地中共有白骨壤、秋茄、木榄和红海榄 4 种红树植物，种类丰富，植株高大，长势良好。群落总盖度为 50%，其中白骨壤 31%，秋茄 6%，木榄 11%，红海榄 2%。群落平均高度为 247 cm，其中白骨壤 380 cm，秋茄 246 cm，木榄 149 cm，红海榄 150 cm。群落平均密度为 19 株 /100 m²，其中白骨壤 14 株 /100 m²（构件数为 33 株 / 100 m²），秋茄 3 株 /100 m²，木榄 1 株 /100 m²，仅发现 1 株红海榄成树。白骨壤、秋茄、木榄和红海榄的平均基径分别为 15.6 cm、7.9 cm、7.9 cm 和 4.2 cm。该样地中白骨壤的平均相对重要值为 55.92，为主要优势种，秋茄和木榄的平均相对重要值均为 20.6。

该群落林下秋茄和木榄幼苗幼树相对丰富，密度分别为 12 株 /100 m² 和 4 株 100/ m²，株高分别为 75 cm 和 62 cm，白骨壤幼苗稀少。

样地中白骨壤种群以 400 ～＜ 500 cm 株高等级为主，由少数基径大、冠幅宽的植株主导着群落结构和外貌，同时也存在较多的年轻个体，表明这是一个白骨壤种群存在时间较长、发展到较高层次的群落，是地区性的典型代表。

4.5　核电二期施工前（2015 年 8 月）钦州湾海洋放射性基线水平

4.5.1　海水放射性基线水平

据 2015 年 8 月监测数据可知，海水天然放射性核素 ^{238}U 浓度范围为 1.33 ～ 2.62 μg/L，平均值为 2.02 μg/L；总 β 比活度范围为 4.81 ～ 9.35 Bq/L，平均值为 7.15 Bq/L。人工放射性核素 ^{90}Sr 比活度测值范围为 0.86 ～ 2.81 mBq/L，平均值为 1.60 mBq/L；人工放射性核素 ^{137}Cs 比活度测值范围为 0.41 ～ 1.03 mBq/L，平均值为 0.83 mBq/L。^{3}H 的比活度均小于检出限。

总体上，2015 年核电厂海域海水的各站位放射性核素测值变化较小，天然 ^{238}U 浓度、总 β 比活度与 2009 年本区域初步环境本底调查结果基本一致；^{238}U 浓度、^{137}Cs 比活度、^{90}Sr 比活度与 2014 年度广西近岸海域海水中放射性核素活度水平基本一致。

4.5.2　沉积物放射性基线水平

2015 年核电厂海域沉积物天然放射性核素 ^{238}U 比活度范围为 32.3 ～ 48.6 Bq/kg，平均值为 39.7 Bq/kg；^{232}Th 比活度范围为 46.2 ～ 57.6 Bq/kg，平均值为 51.4 Bq/kg；^{226}Ra 比活度范围为 26.2 ～ 33.7 Bq/kg，平均值为 30.4 Bq/kg；^{40}K 比活度范围为 229 ～ 559 Bq/kg，平均值为 408 Bq/kg。人工放射性核素 ^{137}Cs 的比活度范围为 0.251 ～ 0.798 Bq/kg，平均值为 0.318 Bq/kg；总 β 比活度范围为 630 ～ 928 Bq/kg，平均值为 768 Bq/kg。

2015 年 8 月，核电厂周边海域沉积物中的天然放射性核素 ^{238}U、^{232}Th、^{226}Ra、^{40}K 比活度，人工放射性核素（裂变产物）^{137}Cs 的比活度，及总 β 比活度监测结果相差不大，略高于本海域沉积物本底调查的放射性核素比活度测值，与 2015 年防城港核电厂（运行前）外围辐射环境监督性监测及广东大亚湾 / 岭澳核电站运行前本底水平相当，同属环境本底水平。

4.5.3　海洋生物放射性本底水平

2015 年 8 月在防城港核电厂附近海域生物样品中均未检出 ^{238}U，中国花鲈、近缘新对虾、香港巨牡蛎和文蛤中均未检出 ^{226}Ra，近缘新对虾、香港巨牡蛎和文蛤中均未检出 ^{137}Cs，其他监测对象的放射性核素比活度与此前本调查海域同类生物监测结果相当，处在环境本底水平。

第五章 防城港核电三期工程建设及温排水数值模拟

5.1 防城港核电厂规模与建设内容

防城港核电厂位于广西防城港市港口区光坡镇东面约 6.5 km 的红沙潟南侧光岭至山鸡啼一带。厂区西距防城港市区约 25 km，北距钦州市区、南宁市区分别约 32 km、130 km，东距北海市区约 60 km。核电厂地处钦州湾盆地西北边缘，地形呈东南走向的半岛状，为沿海丘陵及滩涂地貌。丘陵部分地面高程 5.0 ～ 50.5 m，滩涂部分地面高程 0 ～ 3.0 m。

防城港核电厂规划容量为 6 台百万千瓦级核电机组，采用一次规划、分期实施的方式。一期工程建成 2 台 CPR1000 机组，于 2016 年 10 月 1 日全部投入商用。二期工程（3、4 号机组）建设 2 台"华龙一号"机组，其中 3 号机组于 2015 年 12 月 24 日启动核岛浇筑，2022 年 12 月 24 日首次装料，2023 年 3 月 25 日正式具备商业运行条件。4 号机组于 2016 年 12 月 23 日启动核岛浇筑，2023 年 4 月 28 日启动冷试，预计 2024 年上半年实现投产。

三期项目拟建 2 台融合版"华龙一号"三代核电机组。项目用海包括排水西防波堤延长段用海、排水口用海、温排水用海。申请用海总面积 541.8734 hm²，其中 14.7884 hm² 位于防城港核电有限公司已确权的海域内。排水西防波堤用海面积 4.4999 hm²，全部位于已确权的海域范围内，申请用海方式为非透水构筑物。排水口用海面积 12.6462 hm²，其中 9.9398 hm² 位于一期排水口和一期温排水用海方式范围内，申请用海方式为取、排水开放式用海。温排水申请用海面积 524.7273 hm²，申请用海方式为专用锚地、航道及其他开放式。上述用海申请期限为 50 年。

距离核电厂东北方向约 6.5 km 的国投钦州电厂，建于广西钦州市钦州港经济技术开发区鹰岭作业区东南端，厂区地坪为围填海而成。电厂采用直流供水系统，以钦州湾海水作为冷却水源，取排水采用金鼓江排水、鹰岭水道取水的布置方案。电厂总装机容量为一期 2×630 MW 加二期 2×1000 MW，一、二期均已投入商业运行。因此，防城港核电厂温排水数模计算在考虑防城港核电厂本身温排放影响的同时，还须考虑国投钦州电厂温排放的影响。

5.2　三期工程温排水数值模拟分析及验证

本节引用天津大学开展的防城港核电厂三期温排水数值模拟分析及验证专题报告。数值模拟依据工程海域最新全潮水文测验资料以及厂址区域最新气象资料，建立二维及三维水动力、温排水数学模型，开展三期机组温排水三维模拟计算，提出方案优化建议；计算半月潮型条件下的温排水影响范围、取水温升等特征值，为三期扩建工程取排水设计、海域使用论证、温排水环境影响评价等相关工作提供科学依据。

三期机组温排水数值模拟分析及验证专题的研究内容及技术路线如下：

（1）采用2018年冬、夏季全潮水文测验成果进行潮流场验证、计算。建立三维数学模型，依据2018年冬、夏季全潮水文测验资料进行冬季与夏季大、中、小潮及连续半月潮的潮流场计算、模型验证及相关参数率定。然后进行潮流模拟计算，分析工程海域涨、落潮流场特性，结合岸线、地形特点分析潮流作用下温排水的输移扩散特性。

（2）采用2019年夏季核电一期温排水原型观测成果进行温度场验证。依据2019年夏季核电一期工程机组运行温排水影响原型观测期间同步开展的水文测验以及温度场原型观测成果，进行温升场校验分析与参数率定。

（3）核电三期机组方案优化计算。计算现有堤线方案下的三期机组的温升扩散范围，并提出优化方向，计算各比选方案的温升分布。

（4）推荐方案三维温排水计算。依托前述流场、温度场校验模型，针对最终推荐方案，开展典型半月潮工况下的温排水三维数模计算。模拟研究温排水在厂址海域及取排水口附近输移扩散的时空变化规律，分析温排水对水域环境的影响程度，给出4℃、3℃、2℃、1℃温升全潮最大影响范围。

由于温升场数值模拟专题的过程各步骤的推导和分析所占篇幅过长，本书将其略过，在下文中直接简要介绍推荐方案的计算参数和计算结果。

5.3　取排水工程方案

5.3.1　取排水设计参数

防城港核电厂的机组容量高于国投钦州电厂，其取排水流量较高，同时取排水温差低于后者（见表5-3-1）。

表 5-3-1   各期工程取排水流量及温差

电厂	建设内容	机组容量（MW）	循环水流量（m³/s）	取排水温差（℃）
防城港核电厂	一期（1、2 号机组）	2×1086	123.00	7.50
	二期（3、4 号机组）	2×1188	130.80	7.72
	三期（5、6 号机组）	2×1200	130.80	7.72
国投钦州电厂	一期（2 台机组）	2×630	38.98	8.83
	二期（2 台机组）	2×1000	59.56	8.83

注：国投钦州电厂两期总循环水流量按 98 m³/s 考虑。

5.3.2   防城港核电厂取排水布置

防城港核电厂采用海水直流循环冷却方式，以厂址附近海水作为冷却水源。6 台机组均为直流冷却，共用取、排水明渠。取水口已在一期工程一次建成。排水明渠已建成 6.2 km，满足一、二期工程需求。核电厂设计取排水方案采用"明渠取、明渠排，东取南排"的布置方式（见图 5-3-1）。取水采用港池方式，港池位于厂址东北侧，一次建成，港池内分期开挖引流槽。1—6 号机组共用段引流槽底宽为 100 m，渠底标高为－7.0 m，长度约 1250 m。2 号机组独立段引流槽底宽 40 m，长度约 900 m，渠底标高为－7.0 m。3—6 号机组共用引流槽底宽约 80 m，长度约 1920 m，引流槽底标高均为－7.9 m。各机组排水口位于厂址南侧，排水明渠总长约 6200 m，南侧直线段导流堤内坡脚线间距为 250 m。排水起始底标高－1.2 m，明渠内原始海床高于－1.2 m 的区段开挖至－1.2 m，渠底开挖宽度为 100 m，排水明渠出口底标高约－4.7 m。现阶段取水、排水明渠均已建成。

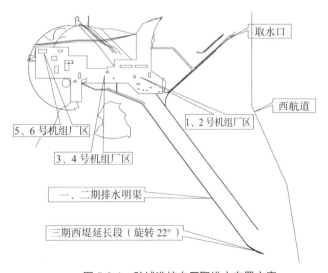

图 5-3-1   防城港核电厂取排水布置方案

5.3.3　国投钦州电厂取排水布置

国投钦州电厂采用鹰岭水道取水、金鼓江排水的布置方案（见图5-3-2）。金鼓江航道从江口至金鼓江大桥分三级，航道底标高及宽度依次为标高 － 11.96 m、宽130 m，标高 － 9.86 m、宽100 m，标高 － 6.86 m、宽80 m。

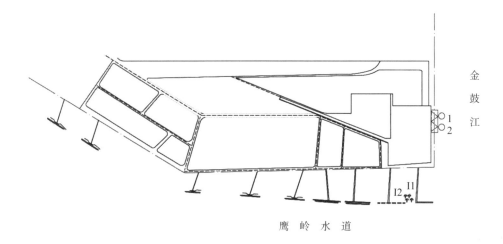

1. 一期排水口，扩散型消力池；I1. 一期取水口，蘑菇头式；
2. 二期排水口，扩散型消力池；I2. 二期取水口，蘑菇头式。

图 5-3-2　国投钦州电厂取排水布置方案（金鼓江排水、鹰岭水道取水）

5.4　核电厂温排水影响范围

5.4.1　计算条件

在天津大学开展的温排水数值模拟分析及验证专题中，通过计算现有堤线方案下的三期机组的温升扩散范围，提出优化方向，然后计算各比选方案的温升分布，最终推荐方案三为优化方案。依托此前开展的流场、温度场校验模型，针对最终推荐方案的计算条件（见表5-4-1），开展典型半月潮工况下温排水三维数模计算。

表 5-4-1　防城港核电温排水三维数模计算条件

计算条件	季节与潮型	取 值	备 注
计算时间	冬季半月潮	2018-11-30 T 00:00:00— 2019-01-15 T 00:00:00	2018 年冬季全潮水文测验时间段
	夏季半月潮	2019-06-10 T 00:00:00— 2019-07-25 T 00:00:00	2019 年夏季全潮水文测验时间段

续表

计算条件	季节与潮型	取　值	备　注
统计时间	冬季半月潮	2018-12-15 T 00:00:00— 2019-01-15 T 00:00:00	前15天为计算稳定时间，取后1个月为统计时间
	夏季半月潮	2019-06-25 T 00:00:00— 2019-07-25 T 00:00:00	
海床糙率	冬、夏季半月潮	Cf = 0.0012	采用MIKE3FM中的Quadratic drag coefficient模式，指定Cf取值
环境水温	冬季半月潮	16.26	白龙2012—2020冬季平均水温
	夏季半月潮	30.01	白龙2012—2020夏季平均水温
水平扩散系数	冬、夏季半月潮	2.5 m²/s	根据原型观测验证选取
垂向扩散系数	冬、夏季半月潮	与垂向水动力涡粘系数成比例，比值为1	/
海面综合散热系数	冬季半月潮	51	约为厂址冬季规范计算 K 值的1.3倍
	夏季半月潮	62	约为厂址夏季规范计算 K 值的1.3倍
工程方案	冬、夏季半月潮	西堤东南移630 m	对优化方案进行讨论

5.4.2　温升场计算结果

天津大学模拟计算给出了具体的温升场，包括夏季三维表层、中层、底层、垂向最大温升包络图，冬季三维表层、中层、底层、垂向最大温升包络图，冬、夏季包络三维表层、中层、底层、垂向最大温升包络图。

由包络图分析可知：排水明渠西侧延长的导堤兼具导流和阻止热水扩散上滩的作用。西堤延伸后，既可以把热水导向排水明渠东侧的西航道深水主潮流区，加强掺混稀释作用，又兼具削弱热水向排水明渠出口西侧、西南侧浅滩区域扩散的效应。排水明渠东侧西航道主流集中、水深流急，推荐方案排水出流直面西航道，因为温排水出流与西航道主流掺混稀释较强，温降梯度较大。由于排水明渠与西航道之间存在地形高差，因此会有相对明显的局部垂向分层。

相同层次的温升区面积均表现为冬季大于夏季（见表5-4-2）。在夏季半月潮条件下，全潮垂向投影4℃温升区包络面积为8.99 km²，3℃温升区包络面积为28.30 km²，2℃温升区包络面积为81.21 km²，1℃温升区包络面积为164.58 km²。在冬季半月潮条件下，全潮垂向投影4℃温升区包络面积为10.43 km²，3℃温升区包络面积为 37.11 km^2，2℃温升区包络面积为 96.46 km^2。冬夏季 4℃全潮垂向投影 4℃温升区包络面积为 10.61 km^2。

表5-4-2 各工况温升包络面积

（单位：km^2）

季节	位置	4℃	3℃	2℃	1℃
夏季	表层	13.05（8.99）	34.67（27.49）	94.38（80.14）	196.72（164.17）
	中层	5.14（4.06）	24.39（18.64）	90.51（80.36）	194.65（163.33）
	底层	4.41（3.69）	22.76（17.20）	89.65（79.72）	191.72（162 .73）
	投影	13.08（8.99）	35.62（28.30）	95.57（81.21）	197.23（164.58）
冬季	表层	15.61（10.32）	45.40（36.20）	112.90（95.40）	246.33
	中层	9.96（6.29）	39.56（32.00）	107.04（95.06）	247.65
	底层	8.12（5.81）	39.12（31.60）	106.54（94.81）	247.22
	投影	15.78（10.43）	46.46（37.11）	114.08（96.46）	248.18
冬夏季包络	表层	15.85（10.51）	46.63（37.31）	117.58（99.91）	256.73
	中层	9.99（6.32）	39.94（32.39）	112.40（100.30）	257.89
	底层	8.17（5.85）	39.44（31.92）	111.46（99.62）	257.35
	投影	16.01（10.61）	47.69（38.23）	ˈ119.04（101.18）	258.46

★注：括号内的数据已扣除国投钦州电厂温升包络面积。

5.5 温排水影响范围与海洋保护地分布的空间关系

防城港核电厂温排水影响范围海域周边分布有广西钦州茅尾海国家级海洋公园、广西茅尾海自治区级红树林自然保护区、广西钦州茅尾海红树林自治区重要湿地、广西防城港山心沙岛自治区重要湿地（见图 5-5-1）。经叠加分析，三期温排水影响范围与海洋自然保护地无交叉重叠，与广西防城港山心沙岛自治区重要湿地重叠，交叉重叠面积为 312.73 hm^2。其中，1～< 2℃温升区交叉重叠面积为 275.10 hm^2，占广西防城港山心沙岛自治区重要湿地总面积的 46.93%；2～< 3℃温升区交叉重叠面积为 37.63 hm^2，占广西防城港山心沙岛自治区重要湿地总面积的 6.42%。三期温排水数值模拟温升 1℃包络线距离广西钦州茅尾海自治区级红树林自然保护区（广西钦州茅尾海红树林自治区重要湿地）七十二泾片区约 2 km，距离广西钦州茅尾海国家级海洋公园约 2 km。

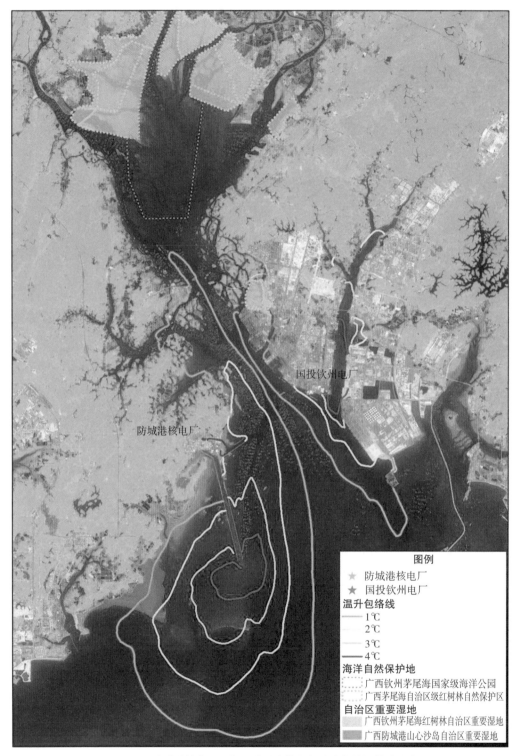

图 5-5-1 防城港核电厂三期温升影响范围与周边自然保护地分布

第六章　温排水对红树林生态影响监测评价技术方案

6.1　技术路线

防城港核电厂围填海建设永久性改变海域水动力环境，长期持续影响钦州湾水体交换能力和生态环境质量。核电厂排水明渠从厂区延伸至钦州湾西航道边缘，阻挡了沿钦州湾西岸进出茅尾海的潮流，挤压了西航道内潮水的流动，导致钦州湾内潮流动力场减弱。排水明渠西侧由于工程建设形成了半封闭海域，与工程建设前相比，这一区域的潮流、流速、流向发生较大变化，流速降低，潮流被排水明渠阻断，转向进入西侧海岸，使得更大范围的滩涂在高潮期间被淹没或水位升高。核电厂营运期间，主要产生温排水、余氯及低放射性废水排放等影响，都可能对周边海域生态系统产生一定程度的扰动。

围绕专题研究目的，项目组采用实地观测结合文献分析的方法进行调查、分析和评价，技术路线见图6-1-1。技术路线的6个关键环节阐述如下：

（1）研究区域设定。根据数值模拟和现实观测，防城港核电厂1、2号机组运行导致的温升1℃范围内仅有红树林5.36 hm^2，不足以观测温升1℃及以上条件对红树林的影响。但是，在防城港核电厂东北方向约6.5 km处的国投钦州电厂的一期、二期项目已分别于2007年、2016年并网发电。叠加天津大学数模温升包络线与红树林分布图层发现，在国投钦州电厂温升3～4℃海域分布有一定面积的红树林，且历史资料显示两地红树物种和群落类型与核电厂周边海域较为相似。因此，国投钦州电厂温升区红树林可作为一个很好的参照系。下文将防城港核电厂三期引起1℃温升范围内的红树林区称为影响林区，将国投钦州电厂引起1℃温升范围内的红树林区称为参照林区，并各自延伸至小于1℃温升的区域。

（2）研究对象体系与指标体系构成。生态评价以是否影响红树林生存发展作为评判标准，故评价指标体系应集中于反映红树林的生存条件，最终达到维持红树林生态系统结构和功能完整的目的。植物对生长环境有一定的要求，核电厂温排水是否引起水温剧变，是否引起盐度剧变，是否引起高程侵蚀或淤积过度或生境丧失，是否引起水动力变化（过小则淤积，过大则侵蚀），是否引起沉积物变粗或变细，是否引起病虫害加剧，是否引起海藻大量繁殖……对于生长在潮间带滩涂的红树植物而言，温度、盐度、淹水时长、波浪能（流速）、沉积物性质（粒度、肥力）等 5 个因素决定了它们的存活、分布和竞争能力。同时，其他生物与红树林一起构建共生或竞争关系，其中大型海藻、大型底栖动物、污损动物、有害昆虫与红树林的关系最为密切。上述非生物因素和生物因素一起组成了本专题的研究对象体系。指标体系详见 6.3 小节。

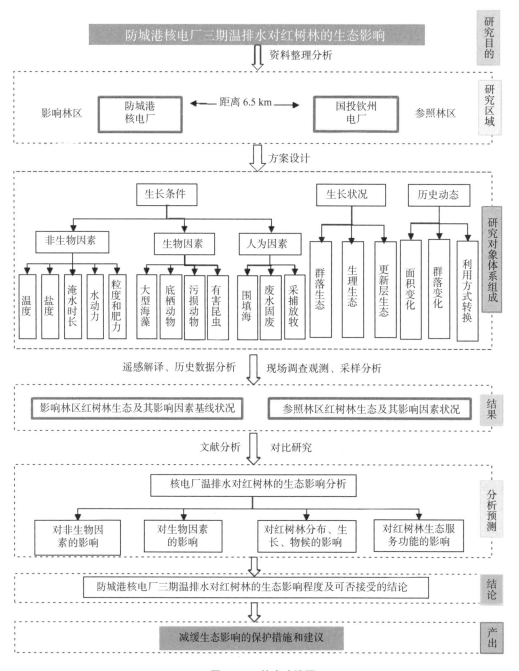

图 6-1-1 技术路线图

（3）区域红树林演变历史及其影响因素。现状红树植物分布、群落结构、叶性状、物候及其影响因素，是本项目研究分析的主线之一。同时，项目组收集调查海域的空间分辨率优于 1 m 的遥感影像，提取了 2007—2022 年多时相红树林分布数据信息，从较长的时间尺度来分析区域红树林演变及其影响因素。

（4）集成在影响林区获取的现状数据构建基线大数据，作为未来观测核电厂温排水影响区域红树林生态演变的出发点，以及衡量生态环境保护效果优劣的对比基准。

（5）综合运用参照对比法和基线对比法，实地观测参照系和基线系红树林现状与变化，通过纵向和横向比较、分析、预测未来防城港核电厂温排水的影响及其程度，做出合理有据的分析预测结论，提出科学可行的保护措施和建议。

（6）分析评判生态监测评价的科学性和有效性，进一步推动红树林生态影响监测评价技术体系成型，争取起草并发布相关技术标准，推动红树林生态影响评价工作规范化、标准化。

6.2　调查范围及站位布设

专题研究范围包括影响林区和参照林区两个区域，影响林区是防城港核电厂三期机组温排水影响的红树林区，站位编号以"FC"开头；参照林区是国投钦州电厂温排水影响的红树林区，站位编号以"QZ"开头。在两个林区以梯度温升区为单元布设调查站位，共设置红树林群落调查站位 20 个。其中，在影响林区＜0.5℃、0.5～＜1℃、1～＜2℃、2～＜3℃模拟温升区域各布设 2 个站位，共布设调查站位 8 个；在参照林区实际温升＜0.5℃、0.5～＜1℃、2～＜3℃包络线区域各布设 2 个站位，在 1～＜2℃、3～＜4℃温升区域各布设 3 个站位，共计 12 个调查站位。在开展红树林群落学调查的样地，同时开展有关水体环境、沉积物环境、大型海藻、大型底栖动物、污损动物、虫害的调查。红树植物叶性状调查站位共布设 23 个，其中包括 20 个开展群落调查的站位。从两个林区共选取 12 个站位开展流速、流向和淹水时长的调查，包括影响林区的站位 FC01、FC04、FC06、FC07、FC08 和 FC10，及参照林区的站位 QZ01、QZ03、QZ05、QZ07、QZ11 和 QZ13。影响林区选取 FC01、FC04、FC07、FC10 等 4 个站位开展林区水温连续调查，参照林区选取除 QZ08、QZ09、QZ13 外的其他 10 个站位开展林区水温连续调查。调查站位分布及调查内容见表 6-2-1。

表 6-2-1　调查站位及调查内容

站位	经度（°E）	纬度（°N）	温升区	调查内容
FC01	108.5309	21.7526	0.5～< 1℃	1、2、3、4、5、6、7、8、9、10
FC02	108.5113	21.7293	< 0.5℃	2
FC03	108.5425	21.7261	1～< 2℃	2
FC04	108.5616	21.7040	1～< 2℃	1、2、3、4、5、6、7、8、9、10
FC05	108.5713	21.7079	2～< 3℃	1、2、3、6、7、8、9、10
FC06	108.5749	21.6918	2～< 3℃	1、2、3、4、6、7、8、9、10
FC07	108.5666	21.6687	1～< 2℃	1、2、3、4、5、6、7、8、9、10
FC08	108.5574	21.6619	< 0.5℃	1、2、3、4、6、7、8、9、10
FC09	108.5445	21.6536	< 0.5℃	1、2、3、6、7、8、9、10
FC10	108.5310	21.6235	0.5～< 1℃	1、2、3、4、5、6、7、8、9、10
QZ01	108.6768	21.8024	< 0.5℃	1、2、3、4、5、6、7、8、9、10
QZ02	108.6760	21.8029	< 0.5℃	1、2、3、5、6、7、8、9、10
QZ03	108.6700	21.7911	0.5～< 1℃	1、2、3、4、5、6、7、8、9、10
QZ04	108.6668	21.7909	0.5～< 1℃	1、2、3、5、6、7、8、9、10
QZ05	108.6626	21.7808	1～< 2℃	1、2、3、4、5、6、7、8、9、10
QZ06	108.6344	21.7599	2～< 3℃	1、2、3、5、6、7、8、9、10
QZ07	108.6355	21.7595	2～< 3℃	1、2、3、4、5、6、7、8、9、10
QZ08	108.6334	21.7579	2～< 3℃	2、8
QZ09	108.6371	21.7532	3～< 4℃	1、2、8、10
QZ10	108.6371	21.7528	3～< 4℃	1、2、3、5、6、7、8、9、10
QZ11	108.6368	21.7513	3～< 4℃	1、2、3、4、5、6、7、8、9、10
QZ12	108.6458	21.7371	1～< 2℃	1、2、3、5、6、7、8、9、10
QZ13	108.6463	21.7365	1～< 2℃	1、2、3、4、6、7、8、9、10

注：调查内容列中，1 为红树林群落，2 为叶性状，3 为水体环境，4 为水动力，5 为水温连续监测，6 为沉积物环境，7 为大型海藻群落，8 为大型底栖动物群落，9 为污损动物群落，10 为虫害。

6.3　调查指标体系和调查方法

6.3.1　红树林群落类型及面积分布调查

采用遥感影像、无人机影像解译结合现场验证的方法，解译历史遥感影像，摸清影响林区红树林分布动态变化及基线现状，分析影响红树林的自然因素和人为因素。

6.3.1.1　遥感数据源

用于红树林信息提取的遥感数据主要为航空图像和 Wordview 卫星影像，取 2007 年、2011 年、2015 年、2019 年和 2022 年共 5 个时相。详细信息见表 6-3-1。

表 6-3-1　遥感数据源详细信息

年份	图像种类	比例尺或空间分辨率
2007	航空图像	1 ：2000
2011	Wordview 卫星影像	0.5 m
2015	Wordview 卫星影像	0.5 m
2019	Wordview 卫星影像	0.5 m
2022	高分七号卫星影像	0.8 m
	航空图像	1 ：500

6.3.1.2　图像预处理

数据预处理包括大气校正、几何精校正、图像镶嵌、裁剪等。

地图投影均采用高斯 – 克吕格投影，中央经线为 108°E，坐标系采用 CGCS 2000 国家大地坐标系。

6.3.1.3　红树林斑块信息提取

（1）红树林现状分布信息提取。

由于不同部门对湿地及红树林面积的调查方法、精度要求等不统一，因此解译数据存在一定差别。考虑到需要精确计算参照林区红树林斑块面积变化情况，深入分析红树林变化原因，但 2021 年度全国国土变更调查成果的精度难以满足本项目研究要求，因此项目组制定了统一的红树林解译规则及斑块勾画技术方法，具体包括：①底图分辨率高于 1 m；②每个斑块红树林覆盖度大于 20%；③起算面积为 20 m²；④斑块间距大于 5 m；⑤斑块中红树林潮沟宽度小于 5 m。

基于以上原则，首先以广西 2021 年度国土变更调查红树林矢量数据为基准，结合 2022 年无人机正射影像和高分-七号卫星影像，采用目视解译对红树林边界进行修正，得到 2022 年红树林分布基线；然后对解译的初步成果进行实地验证、校对和修正，并对面积较大的斑块或典型斑块分别拍摄远景、中景和近景照片；最后结合历史数据记录每个斑块的红树林种类、群落结构状况。

（2）红树林历史分布信息提取。

为确保红树林历史分布信息提取精度，以自行提取的 2022 年红树林分布信息作为基线，只对其他时期红树林变化部分进行动态更新，且以影像空间分辨率较高的为准，以保证相邻两期红树林斑块没有变化的位置及属性信息保持严格一致，最后在 ArcGIS 平台上叠加不同时相的红树林图斑，分析其变化情况。

6.3.1.4 斑块变化的途径和驱动因素分析方法

由于研究采用的遥感数据种类不一、传感器不同、空间分辨率相差较大等因素，难以做到各期遥感图像的精确配准，无法采用叠置方法对斑块面积变化量进行精确计量，因此采用整体计量法进行斑块面积变化量的计量。

6.3.1.5 误差控制

在屏幕矢量化过程中，在确保地物清晰可辨的前提下，尽可能将图像放大（至少放大到 1 ： 500），并在矢量化过程中严格做到矢量线与图像上斑块的边界重合。

在提取红树林斑块边界过程中，逐一参考斑块同一位置的前、后期形态，以确保各期红树林斑块边界的变化符合逻辑。

6.3.2 水体环境调查

在红树林群落调查样地开展水体环境调查，调查指标包括间隙水和林外滩涂上覆水的盐度、pH。间隙水盐度和林外滩涂上覆水盐度的测定采用盐度计法。水体 pH 测定采用 pH 计法。

6.3.3 水温连续监测和历史数据

现场水温测定采用自容式光温记录仪（HOBE，美国产），连续监测 8 天。同时，收集了钦州七十二泾和钦州港天盛码头两个验潮站 2008—2022 年历史水温资料。

6.3.4 水动力调查

在红树林群落调查样地开展水动力调查，调查指标包括流速、流向、淹水时长。流速、流向采用自容式海流计（AEM-USB，日本产）进行现场记录，淹水时长采用自容式水位计（ONSET，美国产）进行现场记录。

6.3.5　沉积物环境调查

沉积物环境调查指标包括表层沉积物的容重、含水率、pH、粒度、有机碳、总氮含量和总磷含量。在红树林群落调查样方中采集表层 0 ～ 20cm 沉积物样品，带回实验室处理及分析。样品按《海洋监测规范　第 5 部分：沉积物分析》（GB 17378.5—2007）和《海洋调查规范　第 8 部分：海洋地质地球物理调查》（GB/T 12763.8—2007）中所制定的要求进行处理。容重测定采用环刀法，含水率测定采用重量法，pH测定采用pH计法，粒度分析采用激光粒度分析法，有机碳含量测定采用重铬酸钾氧化 –还原容量法，总氮含量测定采用凯氏定氮法，总磷含量测定采用分光光度法。

6.3.6　红树林群落调查

红树林群落调查按照《红树林生态监测技术规程》（HY/T 081—2005）中所制定的相关要求执行。群落调查样方大小为 10 m × 10 m。调查指标包括群落高度及覆盖度，红树植物种类，植株的基径、高度和冠幅，更新层幼苗种类、密度、高度及各器官生物量。调查时，首先采取目测法确定群落总体特征值——群落覆盖度，即群落（种群）树冠投影占地面的百分比；然后对样方内的植株进行每木尺检，获取各测树因子数值；同时记录枯立木、枯倒木及林下更新层各项指标。各测树因子测量方法如下：

树高：植株最高点离地面的高度。测量工具为测高杆，精确到 0.01 m。

基径：植株基面或者接近板根位置的直径。测量工具为材径尺，精确到 0.1 cm。

冠幅：在植株的东西和南北两个互相垂直方向上的树冠直径。测量工具为测高杆，精确到 0.01 m。

构件数：丛生植物由地面长出的主茎数量。

物候相：植物所呈现的物候阶段，分别为花期、果期和营养期。

枯立木：样方内已枯死但未倒下的树木。根据其状态将枯立木分为三类。第一类：刚死不久，仍然保留很多的中枝和小枝，按照活的树木来估算其生物量，但不包括叶片的生物量。第二类：已经没有了中枝和小枝，甚至失去了一部分大的分枝，相对于活的树木扣除叶片生物量的 50% 和枝条生物量的 50%。第三类：大部分的大分枝也没有了，基本只剩主干，且主干即将或已经发生断裂，通过测定其基径、胸径和树高计算剩余木材的体积，用体积乘以木材的密度从而得到生物量。

枯倒木：样方内已枯死并倒伏的树木。对样方内直径≥ 2.5 cm 的枯倒木，以 1 m为区段测定每一段两端的直径，不足 1 m 的记录其长度。采集 3 段 5 cm 左右的枯倒木样品带回实验室测量其密度，根据体积、密度计算每段枯倒木的生物量。将样方内所有枯倒木的生物量值相加，并除以样方面积，最后获得样方内枯倒木生物量。

更新层：在各样方均随机设置 5 个 1 m×1 m 的小样方，现场计数幼苗数量，用直尺测量幼苗高度，精确到 0.1 cm。

幼苗生物量结构：采用收获法。每个样地中每个种各采集 20 株幼苗，将其冲洗干净后带回实验室处理；按器官分解植株，白骨壤和桐花树的器官分根、茎、叶等 3 类，秋茄幼苗的器官分根、茎、叶、胚轴等 4 类；将新鲜植株各器官装入信封，经 105℃ 杀青 10 min，80℃烘至恒重，采用精确度为 0.001 g 的电子天平称量干质量。

6.3.7 红树植物叶性状调查

红树植物叶性状调查指标包括叶片面积、叶片干重和叶绿素含量（叶绿素 a、叶绿素 b 及总量）。叶性状调查均随机采集一年生枝条的第二或第三对成熟完整的正常叶片。

叶片面积：将叶片平铺在扫描仪上扫描，利用 Adobe Photoshop 软件计算叶片面积。

叶片干重：采用烘干称重法。

叶绿素含量：采用丙酮提取法。

6.3.8 红树林大型海藻群落调查

红树林大型海藻群落调查指标包括种类、覆盖度、生物量。在各群落样方随机选取 3～5 株树干上海藻分布均匀的红树植株，先记录海藻附着高度、覆盖度等指标，再自下而上每隔 10 cm 分层采集海藻样品。将样品放入平底离心管内，加入 5% 甲醛固定液保存。在实验室内清洗、去除泥沙和树皮等杂物后，取样置于显微镜下鉴定种类。由于颤藻、脆席藻、巨大鞘丝藻和无隔藻生物量过小，因此通常不单独称量其重量，只分离出粗壮链藻、卷枝藻、鹧鸪菜、岸生根枝藻等优势种。将新鲜样品放置于烘箱内以 105℃烘至恒重，取出称量优势种及整体的干重，依据取样面积计算出干重生物量。

6.3.9 红树林大型底栖动物群落调查

红树林大型底栖动物群落调查指标包括种类、密度和生物量。调查方法按照《红树林生态监测技术规程》（HY/T 081—2005）中所制定的要求执行。在当地大潮期开展大型底栖动物定量定性采样。在每个站位随机采集 5 个定量小样方，小样方大小为 25 cm×25 cm，采样深度 30 cm。挖取样方框范围内的沉积物，将其放入二层网目均为 0.5 mm 的套筛内反复冲洗，拣出滞留在网上肉眼可见的动物，并将残渣带回实验室，在显微镜下挑出所有动物。所得样品用 5% 甲醛固定 5 d 后进行种类鉴定、计数和称量湿重（精确度为 0.001 g）。

6.3.10　红树林污损动物群落调查

红树林污损动物群落状况调查指标包括种类、附着高度和覆盖度，调查方法参照何斌源等（2002）的方法。红树林污损动物群落调查在红树林群落调查样地的向海林缘开展，每一样地随机选取 10 株红树开展定量观测记录，结合样地的定性观测，记录种类、附着高度和覆盖度数据信息。

6.3.11　红树林虫害调查

虫害调查采用样框法和目测法。样框大小为 50 cm × 50 cm，在每个站位的每个树种上计数 4 个定量样框，记录害虫种类、受害叶片数量（片 /m²）、叶片最大受害程度（%）、叶片最小受害程度（%）、叶片平均受害程度（%）等指标，同时目测记录样地平均受害程度（%）并计算综合受害指数。

综合受害指数（I）计算公式：

$$I = \frac{a_i}{a_n} + \frac{b_i}{b_n} + \frac{c_i}{c_n} \qquad (6.3.1)$$

式中：a_i 为第 i 个站位的受害叶片数量（片 /m²），a_n 为所有站位的受害叶片数量（片 /m²）；b_i 为第 i 个站位的叶片平均受害程度，b_n 为所有站位的叶片平均受害程度；c_i 为第 i 个站位的样地平均受害程度，c_n 为所有站位的样地平均受害程度。

6.3.12　相关自然社会经济数据信息采集

收集防城港核电厂周边海域有关的海域使用论证报告、海洋环境影响评价报告、海洋环境公报、海洋生态蓝皮书、海洋经济公报、政府工作报告等信息资料，综合分析社会经济发展对海域自然生态环境变化的影响。

6.4　数据处理

6.4.1　评价标准与方法

6.4.1.1　沉积物肥力评价

采用总氮、总磷和有机碳指标评价沉积物肥力。为了消除各调查指标的量纲差异，运用四折线型无量纲化方法进行标准化处理。

当指标测定值属"极差"等级，即 $C_i \leqslant X_a$ 时，

$$P_i = \frac{C_i}{X_a} , (P_i \leqslant 1) \tag{6.4.1}$$

当指标测定值属"差"等级，即 $X_a < C_i \leqslant X_c$ 时，

$$P_i = 1 + \frac{C_i - X_a}{X_c - X_a} \quad (1 < P_i \leqslant 2) \tag{6.4.2}$$

当指标测定值属"中"等级，即 $X_c < C_i \leqslant X_p$ 时，

$$P_i = 2 + \frac{C_i - X_c}{X_p - X_c} \quad (2 < P_i \leqslant 3) \tag{6.4.3}$$

当指标测定值属"良好"等级，即 $C_i > X_p$ 时，$P_i = 3$。

式中：P_i 是分肥力系数，即第 i 个指标的肥力系数；C_i 为第 i 个指标的测定值；X_a、X_c、X_p 为沉积物属性分级标准（见表6-4-1），参考第二次全国土壤普查标准。

表6-4-1　沉积物属性分级标准

沉积物属性	X_a	X_c	X_p
有机碳（%）	1.0	2.0	3.0
总氮（g/kg）	0.75	1.50	2.00
总磷（g/kg）	0.4	0.6	1.0

综合肥力系数采用修正的内梅罗公式计算：

$$P = \sqrt{\frac{P_{i平均}^2 + P_{i最小}^2}{2}} \times \frac{n-1}{n} \tag{6.4.5}$$

式中：P 是沉积物综合肥力系数，$P_{i平均}$ 和 $P_{i最小}$ 分别是沉积物各属性分肥力系数的平均值和最小值，n 为参与评价的沉积物属性个数。沉积物肥力分级标准见表6-4-2。

表6-4-2　沉积物肥力分级标准

等级	描述	综合肥力系数范围
I	很肥沃	$P \geqslant 2.7$
II	肥沃	$1.8 \leqslant P < 2.7$
III	一般	$0.9 \leqslant P < 1.8$
IV	贫瘠	$P < 0.9$

6.4.1.2　动植物群落生态状况评价方法

（1）植物群落参数计算。

植物种群重要值（Ⅳ）：

$$IV = 相对密度 + 相对频度 + 相对盖度 \tag{6.4.6}$$

种间相遇概率（PIE）：

$$PIE = N(N-1)/\sum N_i \times (N_i - 1) \tag{6.4.7}$$

Simpson 指数（D）：

$$D = 1 - \sum_{i=1}^{S}(p_i)^2 \tag{6.4.8}$$

（2）动植物群落多样性各指数计算。

Shannon-Wiener 多样性指数（H'）：

$$H' = -\sum_{i=1}^{S} p_i \log_2 p_i \tag{6.4.9}$$

Margalef 丰富度指数（d）：

$$d = (S-1)/\log_2 N \tag{6.4.10}$$

Pielou 均匀度指数（J）：

$$J = H'/\log_2 S \tag{6.4.11}$$

式中：N 为站位定量样方所获物种的个体数之和，S 为该样方的物种数目，p_i 为第 i 个物种的个体数占总数的比例。

（3）底栖动物群落相对重要值（IRI，%）计算。

$$IRI = \left(\frac{n_i}{N} + \frac{w_i}{W}\right) \times F \times 10000 \tag{6.4.12}$$

式中：n_i 为第 i 种的个体数，N 为所有个体数，w_i 为第 i 种的生物量，W 为总生物量，F 为出现频率。根据陈国宝等（2007）的分级标准，$IRI \geqslant 500$ 为优势种，$100 \leqslant IRI < 500$ 为主要种，$10 \leqslant IRI < 100$ 为一般种，$IRI < 10$ 为少见种。

（4）底栖动物群落稳定性评价。

根据底栖动物群落 K– 优势度曲线判断群落稳定性。优势度曲线作图是将底栖动物不同种群按密度的大小等级在 X 轴上由左至右排列，密度和生物量的百分优势度累积尺度分别标在 Y 轴上，制作密度曲线和生物量曲线。根据密度曲线和生物量曲线的相对位置判断群落扰动状况：当整条生物量曲线位于密度曲线的上方时，群落未受扰动；当生物量曲线和密度曲线相互交叉或重叠在一起时，群落受到中度扰动；当密度曲线整条位于生物量曲线上方时，群落受到严重扰动。

6.4.2　数据分析

利用 SPSS 软件进行生境和生物类群的各指标单因素方差分析。在 Primer 软件中，采用系统聚类分析（Cluster）、多维尺度分析（MDS）研究生物群落结构差异。

第七章　影响林区红树林生态及其影响因素基线状况

7.1　影响林区红树林分布动态变化及其影响因素

7.1.1　区域红树林面积总体变化

根据 2022 年 7 月遥感影像解译结果（见图 7-1-1），防城港核电三期模拟温升 1℃范围内的红树林总面积为 28.31 hm²。

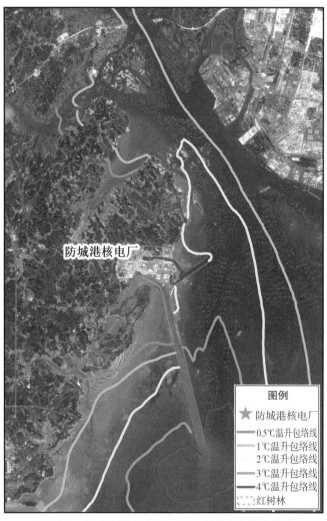

图 7-1-1　影响林区 2022 年 7 月红树林分布基线状况

2007—2022 年，防城港核电三期模拟温升 1℃ 范围内红树林面积变化特征明显，以 2011 年为分水岭，前期减少而后期增加（见表 7-1-1）。2007—2022 年红树林面积增加了 2.92 hm²，总变化率为 11.50%，年均变化率为 0.73%。斑块数量变化趋势与面积变化趋势一致，先减少而后增加，净减 1 个斑块，平均斑块面积从 0.71 hm² 增加至 0.81 hm²。

表 7-1-1　2007—2022 年防城港核电三期模拟温升 1℃ 范围内红树林面积变化情况

时期	变化量（hm²）	总变化率（%）	年均变化率（%）
2007—2011 年	−0.04	−0.16%	−0.04%
2011—2015 年	0.94	3.71%	0.91%
2015—2019 年	1.92	7.30%	1.78%
2019—2022 年	0.10	0.35%	0.12%
2007—2022 年	2.92	11.50%	0.73%

2007—2022 年，防城港核电三期温升 1℃ 范围内红树林变化的主要原因是红树林自然增长，累积增加了 4.49 hm²。填海造地、围海养殖以及其他人为活动导致红树林面积分别减少了 1.33 hm²、0.26 hm² 及 0.13 hm²。各因素导致的红树林面积变化量见图 7-1-2。

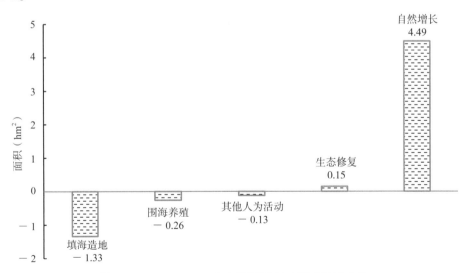

图 7-1-2　2007—2022 年各因素导致红树林面积变化量

防城港核电厂投入运营前，2007 年温升 1℃ 范围内的红树林总面积为 25.39 hm²，2011 年减至 25.35 hm²，减少了 0.03 hm²，斑块数量减少了 3 个，平均斑块面积从 0.71 hm² 增加至 0.77 hm²。2007—2011 年因填海造地、围海养殖和其他人为活动导致的红树林面积减少量分别为 0.94 hm^2、0.26 hm^2 和 0.13 hm^2。2007—2011 年温升 1℃ 范围内红树林面积自然增长了 1.29 hm^2，主要原因为横头山海岛附近滩涂红树林自然增长，部分抵消了人为活动造成的红树林面积减少。各因素导致的红树林面积变化量见图 7-1-3。

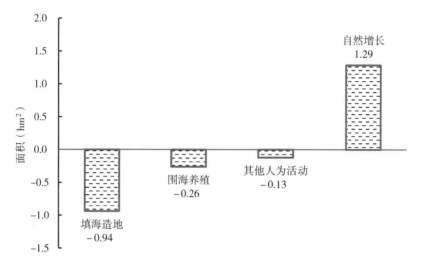

图 7-1-3　2007—2011 年各因素导致红树林面积变化量

2011—2015 年温升 1℃ 范围内红树林面积净增了 0.94 hm^2，总变化率为 3.71%，年均变化率为 0.91%。该时期红树林面积变化的主要原因为自然增长，自然增长的面积为 1.00 hm^2，有 6 个斑块，主要分布在老虎墩至核电厂排水口东面沿海滩涂。面积减少的主要原因为填海造地，占用了红树林 0.06 hm^2，有 1 个斑块，该斑块位于防城港核电厂取水口范围内。各因素导致的红树林面积变化量见图 7-1-4。

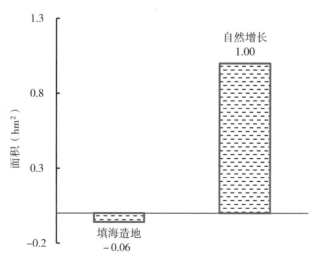

图 7-1-4　2011—2015 年各因素导致红树林面积变化量

防城港核电厂投入运营后，2019 年核电温升 1℃ 范围内红树林面积增加至 28.21 hm²。2015—2019 年是近 15 年中变化幅度最大的一个时期，共有 14 个红树林斑块发生变化，该区域净增 1.92 hm²。老虎墩至防城港核电厂取水口附近滩涂红树林自然增长、蛇岭岛附近生态修复工程实施是该时期红树林面积增加的主要因素，增加面积总量为 2.25 hm²，斑块数量分别为 11 个、1 个。面积减少是因为填海造地，占用了红树林 0.33 hm²。各因素导致的红树林面积变化量见图 7-1-5。

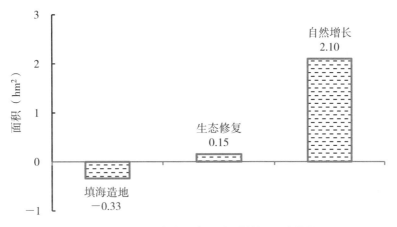

图 7-1-5　2015—2019 年各因素导致红树林面积变化量

2019—2022 年核电温升 1℃ 范围内红树林面积总体净增 0.10 hm²，总变化率和年均变化率分别为 0.35%、0.12%。该时期红树林面积变化因素为红树林自然增长，仅有 2 处，即虾场中间村和阿麓堆岛周边潮间带。

7.1.2　三期模拟温升区红树林面积变化

防城港核电厂三期模拟温升 1℃ 范围内红树林仅分布在 1～<2℃、2～<3℃ 温升区，斑块数量分别为 33 个、4 个。2007—2022 年防城港核电厂温升 1℃ 范围内红树林面积共净增 2.92 hm²。不同时期各模拟温升区红树林面积变化情况见表 7-1-2。

表 7-1-2　不同时期各模拟温升区红树林面积变化情况

时期	1～<2℃			2～<3℃		
	变化量（hm²）	总变化率（%）	年均变化率（%）	变化量（hm²）	总变化率（%）	年均变化率（%）
2007—2011 年	0.09	0.37%	0.09%	－0.13	－13.00%	－3.42%
2011—2015 年	0.88	3.59%	0.89%	0.06	6.90%	1.68%
2015—2019 年	1.43	5.64%	1.38%	0.49	52.69%	11.16%

续表

时期	1～<2℃			2～<3℃		
	变化量（hm²）	总变化率（%）	年均变化率（%）	变化量（hm²）	总变化率（%）	年均变化率（%）
2019—2022 年	0.06	0.22%	0.08%	0.04	2.82%	0.93%
2007—2022 年	2.46	10.09%	0.64%	0.46	46.00%	2.56%

1～<2℃温升区红树林各时期都表现为正增长，最大增量发生在 2015—2019 年。2007—2022 年红树林总面积共增加了 2.46 hm²。1～<2℃温升区的红树林是影响林区的主体，占比在 94.84%～96.57%。斑块数量未发生变化，平均斑块面积增加了 0.07 hm²。

2～<3℃温升区红树林除 2007—2011 年发生负增长外，其余时期均为正增长，最大增量也发生在 2015—2019 年。2007—2022 年红树林总面积共增加了 0.46 hm²。2～<3℃温升区的红树林在影响林区占比很小，为 3.43%～5.16%。红树林斑块数量减少了 1 个，平均斑块面积呈缓慢增长趋势，共增加了 0.17 hm²。

7.1.3　核电一期实际温升 1℃范围内红树林面积变化

2019 年 7 月，中国水利水电科学研究院对防城港核电一期 2 台机组夏季运行工况进行了无人机原型观测，共开展了夏季大、中、小潮期间涨急、高平、落急、低平等 12 个潮态的航空遥感海面温度场测量，同时收集历史卫星遥感资料，提取厂址海域原型水体表层温度场成果。根据原观期间获取到的资料，中国水利水电科学研究院再次模拟了 2 台机组运营的温升包络范围（见图 7-1-6），参数：Dh = 2.5 m²/s，K = 47（约为规范值的 1.3 倍）。

叠加表层温升包络图与红树林解译结果显示，核电一期温升 1℃范围内红树林面积为 5.36 hm²，位于阿麓堆岛至六墩岛一带潮间带滩涂属核电三期模拟 1～<2℃温升区。

2007—2022 年，核电一期温升 1℃范围内红树林面积增加了 3.45 hm²，增长率为 181%，年均变化率为 7.12%。变化原因是红树林自然增长扩散，2007—2011 年、2011—2015 年和 2015—2019 年分别增长了 0.45 hm²、0.37 hm²、2.63 hm²，主要变化区域在阿麓堆岛、夹仔岭、红沙村附近潮间带滩涂。2019—2022 年红树林面积未发生改变，各时期实际 1℃温升范围内红树林面积见图 7-1-7。

本次调查 FC05 站位所在红树林斑块位于阿麓堆岛潮间带滩涂，实际属 1～<2℃温升区，2022 年面积为 0.83 hm²。本区域红树植物有桐花树、白骨壤和秋茄，群落类型为桐花树＋白骨壤＋秋茄。2007—2022 年，该斑块面积呈先减少后增加的趋势，

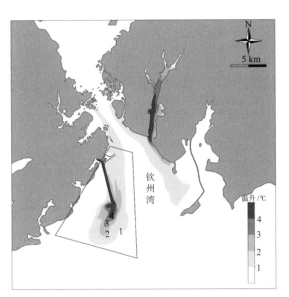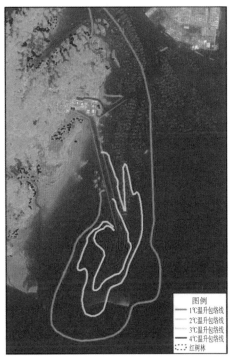

图 7-1-6　2019 年 7 月调查区域原观期间表层温升包络图及红树林分布

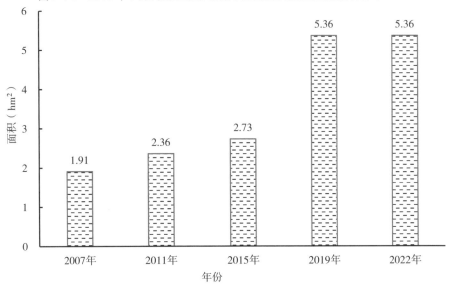

图 7-1-7　2007—2022 年实际 1℃温升范围红树林面积变化

总体增加了 0.29 hm²，变化率为 54%（见图 7-1-8），变化原因主要为红树林自然增长。

　　FC06 站位所在红树林斑块位于六墩岛潮间带滩涂，实际属 1 ～＜ 2℃温升区，2022 年面积为 0.30 hm²。本区域红树植物有白骨壤、桐花树和秋茄，为白骨壤 + 桐花树群落。2007—2022 年，该斑块面积一直维持在 0.30 hm²（见图 7-1-9），未发生变化。比较各时期历史影像可知，该斑块红树林覆盖度有所增加。

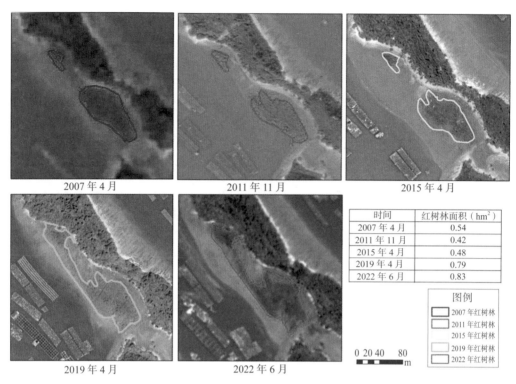

时间	红树林面积（hm²）
2007 年 4 月	0.54
2011 年 11 月	0.42
2015 年 4 月	0.48
2019 年 4 月	0.79
2022 年 6 月	0.83

图 7-1-8　2007—2022 年 FC05 站位红树林斑块变化情况

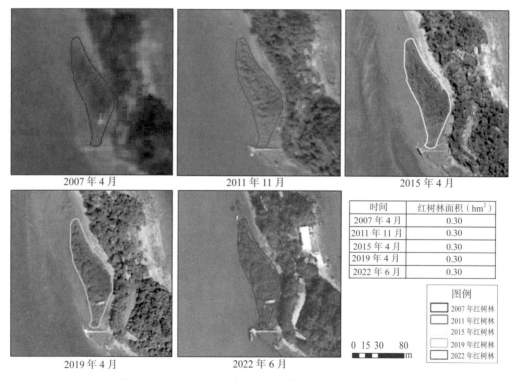

时间	红树林面积（hm²）
2007 年 4 月	0.30
2011 年 11 月	0.30
2015 年 4 月	0.30
2019 年 4 月	0.30
2022 年 6 月	0.30

图 7-1-9　2007—2022 年 FC06 站位红树林斑块变化情况

7.2　影响林区红树林群落结构

7.2.1　群落重要值及群落类型

根据各样方的群落调查数据，计算各种群的相对重要值，并命名群落类型（见表 7-2-1）。影响林区的群落类型有桐花树群落、白骨壤群落、白骨壤–桐花树群落、桐花树+白骨壤群落、白骨壤+桐花树群落、桐花树+白骨壤+秋茄群落等 6 个类型。影响林区群落调查样方中有桐花树、白骨壤和秋茄等 3 种真红树，样方外的真红树还有海漆、卤蕨、木榄和无瓣海桑。

各调查样地红树群落特征如下。

7.2.1.1　FC01 样方

FC01 样方中有桐花树、白骨壤和秋茄共 3 种红树植物。桐花树的相对重要值为 90.2，为该群落的主要优势种；白骨壤、秋茄的相对重要值分别为 8.0、1.8。群落命名为桐花树群落。

样地沉积物渗出水盐度为 16.122，群落总盖度为 86%，其中桐花树的盖度为 67%，白骨壤的盖度为 16%，秋茄的盖度为 3%。群落密度为 74 株 /100 m²，其中桐花树 70 株 /100 m²，白骨壤 3 株 /100 m²，秋茄 1 株 /100 m²。桐花树最大株高 250 cm，平均株高 214 cm，平均基径 6.7 cm，平均胸径 2.4 cm，平均冠幅乘积 2.13 m²。白骨壤最大株高 320 cm，平均株高 255 cm，平均基径 11.7 cm，平均胸径 7.9 cm，平均冠幅乘积 12.07 m²。秋茄株高 310 cm，基径 17.2 cm，胸径 8.9 cm，冠幅乘积 7.25 m²。

7.2.1.2　FC04 样方

FC04 样方中有桐花树、白骨壤和秋茄共 3 种红树植物。桐花树的相对重要值为 72.7，为该群落的主要优势种；白骨壤的相对重要值为 18.0，为该群落的共优种；秋茄的相对重要值为 9.3。群落命名为白骨壤–桐花树群落。

样地沉积物渗出水盐度为 18.434，群落总盖度为 88%，其中桐花树的盖度为 44%，白骨壤的盖度为 35%，秋茄的盖度为 9%。群落密度为 83 株 /100 m²，其中桐花树 65 株 /100 m²，白骨壤 9 株 /100 m²，秋茄 9 株 /100 m²。桐花树最大株高 250 cm，平均株高 200 cm，平均基径 5.9 cm，平均胸径 1.9 cm，平均冠幅乘积 2.22 m²。白骨壤最大株高 460 cm，平均株高 311 cm，平均基径 10.6 cm，平均胸径 7.5 cm，平均冠幅乘积 12.76 m²。秋茄最大株高 350 cm，平均株高 217 cm，平均基径 6.1 cm，平均胸径 2.5 cm，平均冠幅乘积 3.29 m²。

表 7-2-1　影响林区调查样方红树林群落数量特征及群落类型

样方	种类	密度（株/100m²）	最大株高（cm）	平均株高（cm）	平均基径（cm）	平均胸径（cm）	平均冠幅乘积（m²）	种群盖度（%）	相对密度（%）	相对频度（%）	相对盖度（%）	相对重要值IV	群落类型
FC01	桐花树	70	250	214	6.7	2.4	2.13	67	94.6	98.4	77.4	90.2	桐花树
	白骨壤	3	320	255	11.7	7.9	12.07	16	4.1	1.2	18.8	8.0	
	秋茄	1	310	310	17.2	8.9	7.25	3	1.4	0.4	3.8	1.8	
FC04	桐花树	65	250	200	5.9	1.9	2.22	44	78.3	89.8	50.0	72.7	白骨壤—桐花树
	白骨壤	9	460	311	10.6	7.5	12.76	35	10.8	3.4	39.8	18.0	
	秋茄	9	350	217	6.1	2.5	3.29	9	10.8	6.8	10.3	9.3	
FC05	桐花树	55	180	152	4.8	1.6	0.95	38	76.4	85.8	47.3	69.9	桐花树+白骨壤+秋茄
	白骨壤	10	250	219	9.9	5.4	3.81	28	13.9	6.0	34.5	18.1	
	秋茄	7	230	189	5.4	2.6	2.86	14	9.7	8.2	18.1	12.0	
FC06	桐花树	22	250	170	4.0	1.4	0.94	8	25.9	35.9	9.2	23.7	白骨壤+桐花树
	白骨壤	62	350	233	5.4	3.6	3.27	74	72.9	63.2	90.6	75.6	
	秋茄	1	170	170	3.1	1.0	0.24	0.1	1.2	0.9	0.1	0.7	
FC07	桐花树	60	200	127	3.5	1.7	0.54	22	62.5	63.1	31.8	52.5	桐花树+白骨壤
	白骨壤	36	278	146	4.0	2.8	1.93	46	37.5	36.9	68.2	47.5	
FC08	桐花树	3	200	193	4.1	1.1	1.07	1	3.2	15.4	0.9	6.5	白骨壤
	白骨壤	86	410	303	6.9	4.4	3.94	78	91.5	80.5	97.0	89.7	
	秋茄	5	210	166	4.2	2.1	1.48	2	5.3	4.1	2.1	3.8	
FC09	桐花树	92	220	168	4.2	1.4	0.56	15	53.5	54.0	18.1	41.9	白骨壤+桐花树
	白骨壤	80	350	220	5.9	3.7	2.92	75	46.5	46.0	81.9	58.1	
FC10	桐花树	3	155	148	4.2	1.3	1.50	2	3.2	24.1	1.9	9.7	白骨壤
	白骨壤	91	270	181	5.8	2.3	2.51	80	96.8	75.9	98.1	90.3	

7.2.1.3 FC05 样方

FC05 样方中有桐花树、白骨壤和秋茄共 3 种红树植物。桐花树的相对重要值为 69.9，为该群落的主要优势种；白骨壤和秋茄的相对重要值分别为 18.1、12.0，均为该群落的共优种。群落命名为桐花树 + 白骨壤 + 秋茄群落。

样地沉积物渗出水盐度为 20.359，群落总盖度为 80%，其中桐花树的盖度为 38%，白骨壤的盖度为 28%，秋茄的盖度为 14%。群落密度为 72 株 /100 m²，其中桐花树 55 株 /100 m²，白骨壤 10 株 /100 m²，秋茄 7 株 /100 m²。桐花树最大株高 180 cm，平均株高 152 cm，平均基径 4.8 cm，平均胸径 1.6 cm，平均冠幅乘积 0.95 m²。白骨壤最大株高 250 cm，平均株高 219 cm，平均基径 9.9 cm，平均胸径 5.4 cm，平均冠幅乘积 3.81 m²。秋茄最大株高 230 cm，平均株高 189 cm，平均基径 5.4 cm，平均胸径 2.6 cm，平均冠幅乘积 2.86 m²。

7.2.1.4 FC06 样方

FC06 样方中有白骨壤、桐花树和秋茄共 3 种红树植物。白骨壤相对重要值为 75.6，为该群落主要优势种；桐花树相对重要值为 23.7，为共优种；秋茄相对重要值为 0.7。群落命名为白骨壤 + 桐花树群落。

样地沉积物渗出水盐度为 17.438，群落总盖度为 82.1%，其中白骨壤的盖度为 74%，桐花树的盖度为 8%，秋茄的盖度为 0.1%。群落密度为 85 株 /100 m²，其中白骨壤 62 株 /100 m²，桐花树 22 株 /100 m²，秋茄 1 株 /100 m²。白骨壤最大株高 350 cm，平均株高 233 cm，平均基径 5.4 cm，平均胸径 3.6 cm，平均冠幅乘积 3.27 m²。桐花树最大株高 250 cm，平均株高 170 cm，平均基径 4.0 cm，平均胸径 1.4 cm，平均冠幅乘积 0.94 m²。秋茄株高 170 cm，基径为 3.1 cm，胸径 1.0 cm，冠幅乘积 0.24 m²。

7.2.1.5 FC07 样方

FC07 样方中有桐花树和白骨壤共 2 种红树植物。桐花树的相对重要值为 52.5，为该群落的主要优势种；白骨壤的相对重要值为 47.5，为共优种。群落命名为桐花树 + 白骨壤群落。

样地沉积物渗出水盐度为 7.770，群落总盖度为 68%，其中桐花树盖度为 22%，白骨壤盖度为 46%。群落密度为 96 株 /100 m²，其中桐花树 60 株 /100 m²，白骨壤 36 株 /100 m²。桐花树最大株高 200 cm，平均株高 127 cm，平均基径 3.5 cm，平均胸径 1.7 cm，平均冠幅乘积 0.54 m²。白骨壤最大株高 278 cm，平均株高 146 cm，平均基径 4.0 cm，平均胸径 2.8 cm，平均冠幅乘积 1.93 m²。

7.2.1.6 FC08 样方

FC08 样方中有白骨壤、桐花树和秋茄共 3 种红树植物。白骨壤的相对重要值为 89.7，为该群落的优势种；桐花树和秋茄的相对重要值分别为 6.5、3.8。群落命名为白骨壤群落。

样地沉积物渗出水盐度为 17.620，群落总盖度为 81%，其中白骨壤的盖度为 78%，秋茄的盖度为 2%，桐花树的盖度为 1%。群落密度为 94 株 /100 m^2，其中白骨壤 86 株 /100 m^2，秋茄 5 株 /100 m^2，桐花树 3 株 /100 m^2。白骨壤最大株高 410 cm，平均株高 303 cm，平均基径 6.9 cm，平均胸径 4.4 cm，平均冠幅乘积 3.94 m^2。秋茄最大株高 210 cm，平均株高 166 cm，平均基径 4.2 cm，平均胸径 2.1 cm，平均冠幅乘积 1.48 m^2。桐花树最大株高 200 cm，平均株高 193 cm，平均基径 4.1 cm，平均胸径 1.1 cm，平均冠幅乘积 1.07 m^2。

7.2.1.7 FC09 样方

FC09 样方中有白骨壤和桐花树共 2 种红树植物。白骨壤的相对重要值为 58.1，为主要优势种；桐花树的相对重要值为 41.9，为共优种。群落命名为白骨壤 + 桐花树群落。

样地沉积物渗出水盐度为 12.222，群落总盖度为 90%，其中白骨壤的盖度为 75%，桐花树的盖度为 15%。群落密度为 172 株 /100 m^2，其中白骨壤 80 株 /100 m^2，桐花树 92 株 /100 m^2。白骨壤最大株高 350 cm，平均株高 220 cm，平均基径 5.9 cm，平均胸径 3.7 cm，平均冠幅乘积 2.92 m^2。桐花树最大株高 220 cm，平均株高 168 cm，平均基径 4.2 cm，平均胸径 1.4 cm，平均冠幅乘积 0.56 m^2。

7.2.1.8 FC10 样方

FC10 样方中有白骨壤、桐花树 2 种红树植物。白骨壤相对重要值为 90.3，为优势种；桐花树相对重要值为 9.7。群落命名为白骨壤群落。

样地沉积物渗出水盐度为 22.412，群落总盖度为 82%，其中白骨壤的盖度为 80%，桐花树的盖度 2%。群落密度为 94 株 /100 m^2，其中白骨壤 91 株 /100 m^2，桐花树 3 株 /100 m^2。白骨壤最大株高 270 cm，平均株高 181 cm，平均基径 5.8 cm，平均胸径 2.3 cm，平均冠幅乘积 2.51 m^2。桐花树最大株高 155 cm，平均株高 148 cm，平均基径为 4.2 cm，平均胸径 1.3 cm，平均冠幅乘积 1.50 m^2。

7.2.2　群落多样性指数

根据红树林群落调查样方数据，计算得出影响林区 Simpson 指数（D）在 0.062 ~ 0.498，Shannon–Wiener 多样性指数（H'）在 0.204 ~ 1.019，种间相遇概率指数（PIE）在 1.067 ~ 2.002，Pielou 均匀度指数（J）在 0.204 ~ 0.996（见表 7-2-2）。由表可知，影响林区的群落多样性指数较低。

表 7-2-2　影响林区红树群落生物多样性指数

样方	D	H'	PIE	J
FC01	0.103	0.347	1.117	0.219
FC04	0.363	0.971	1.581	0.613
FC05	0.388	1.019	1.648	0.643
FC06	0.401	0.912	1.682	0.575
FC07	0.469	0.954	1.900	0.954
FC08	0.159	0.501	1.192	0.316
FC09	0.498	0.996	2.002	0.996
FC10	0.062	0.204	1.067	0.204
最小值	0.062	0.204	1.067	0.204
最大值	0.498	1.019	2.002	0.996

7.2.3　群落更新层特征

在红树林群落内部，受光照及其他生境因素的限制，绝大部分林下幼苗难以生长至成树。影响林区的 8 个群落调查样方更新层状况差别较大（见图 7-2-1、图 7-2-2），FC01、FC04 和 FC09 等 3 个样方林下无幼苗，其他 5 个样方均生长有幼树幼苗。其中桐花树幼树幼苗密度相对较高，最高密度出现在 FC07 样方，为 740 株 /100 m²。FC06、FC07 样方的幼树幼苗株高较大，且株高变化范围较大，幼树幼苗最为丰富。FC07 样方、FC06 样方的覆盖度分别为 49%、70%，通透程度相对较高，幼树幼苗长势较良好。

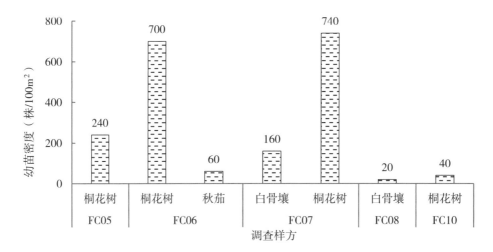

图 7-2-1　影响林区调查样方幼树幼苗密度

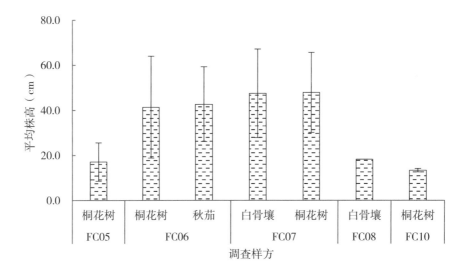

图 7-2-2　影响林区调查样方幼树幼苗平均株高

7.2.4　群落物候期特征

汇总 2022 年 6 月中旬至下旬各红树植物的物候（见图 7-2-3）可知，除 FC08 样方的桐花树植株处于营养期外，大部分样方的桐花树植株处在幼胚轴期。FC07、FC08、FC09 和 FC10 样方中大部分白骨壤植株处在营养期，其他站位为花期。FC08 样方的秋茄植株处在营养期，FC01、FC04 和 FC05 样方处在花期，FC06 样方处在幼胚轴期。实际上，广西海域的秋茄全年均可开花结果，但仅在 4 月底形成具有繁殖能力的胚轴。

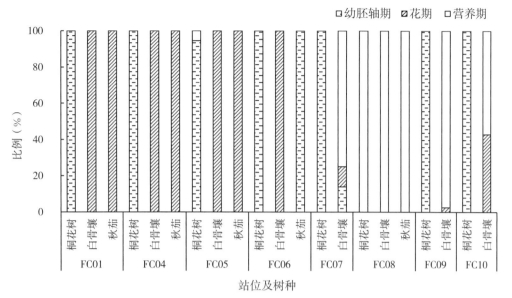

图 7-2-3 影响林区调查样方红树的物候期汇总

7.2.5 幼苗生物量结构

在调查样地采集桐花树、白骨壤和秋茄3个树种的幼苗,每个树种采集20株,按照根、茎、叶三部分(秋茄加上胚轴,为四部分)称其干重,分析其各器官生物量占总生物量的比重(见图7-2-4)。个别样地由于群落树种较为单一,未能同时采集到3个树种。

由图7-2-4可知,桐花树幼苗的茎生物量占比高于根、叶生物量占比,其中FC01样地占比最高,平均占比达到52.29%±5.14%,FC01样方区域主要为桐花树群落,桐花树植株密度较高。

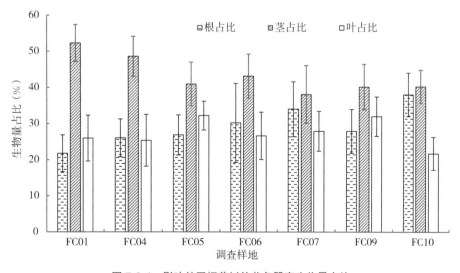

图 7-2-4 影响林区桐花树幼苗各器官生物量占比

白骨壤幼苗的根、茎、叶生物量占比相对比较均匀（见图 7-2-5），根生物量平均占比在 26.29%～37.84%，茎生物量平均占比在 32.46%～44.86%，叶生物量平均占比在 24.84%～40.85%。白骨壤幼苗生物量结构样地之间差异不明显。

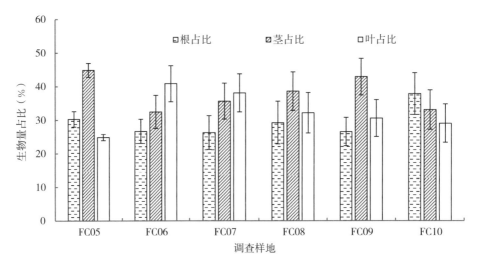

图 7-2-5　影响林区白骨壤幼苗各器官生物量占比

秋茄幼苗的胚轴生物量占比最大（见图 7-2-6），胚轴生物量平均占比在 41.99%～82.18%。FC01 样地的胚轴生物量占比最高，FC04、FC08 次之。

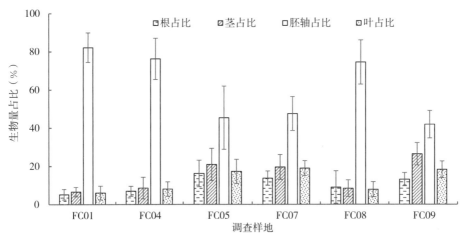

图 7-2-6　影响林区秋茄幼苗各器官生物量占比

单因素方差分析结果表明，不同树种间幼苗生物量结构占比存在显著性差异（$p = 0.000$）；同一树种的幼苗生物量结构占比在不同站位间也存在显著性差异（$p = 0.000$）。

7.2.6　相同样方历史数据比较

对比广西壮族自治区海洋研究院 2015—2018 年在 FC10 样方的群落监测数据与本次调查数据（见图 7-2-7），可知 FC10 样方红树植物种数没有变化，群落密度和平均株高则总体呈上升趋势。2015 年样方内株高居前 3 的白骨壤植株，株高分别

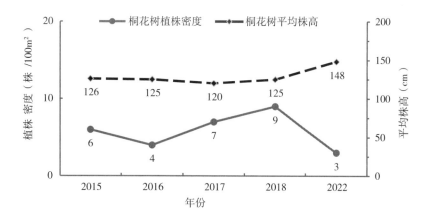

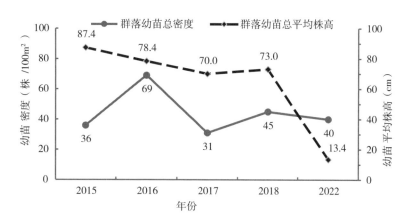

图 7-2-7　FC10 样方成树、幼苗的密度和株高历年变化

为 150 cm、148 cm 和 146 cm，2022 年株高居前 3 的植株分别达 270 cm、250 cm 和 250 cm，株高明显增大。样方中幼苗密度呈下降趋势，可能与群落覆盖度较高、林下幼苗难以获得充足光照有关。

根据《防城港核电温升模拟报告》（天津大学）模拟结果，大坪坡（FC10 样方）的红树林群落处在防城港核电温排水 1℃温升范围之外，但该红树林区向海滩涂广阔平坦，白日滩涂露空时太阳辐射而温度升高，涨潮水体经滩涂上涨途中持续增温。根据无人机水温遥测结果，核电排水口西侧的海岸潮间带水温与核电排水口的水温相当，FC10 处于 2 ～ < 3℃自然温升区，专题调查也验证了这一现象。FC10 样地群落的优势种及群落类型均较为稳定，群落密度和平均株高总体呈上升趋势，说明该区域自然温升 2 ～ < 3℃对红树林未造成不可接受的影响。

7.2.7 外来物种入侵

无瓣海桑是外来引入树种，具笋状呼吸根，常生长于中低潮带滩涂，土壤适应性强，耐水淹和低温。无瓣海桑在新的生境中能迅速生长，定居容易，具有与乡土红树植物的生态位竞争优势，能在大多数乡土红树植物无法生长的中低潮带占领空缺生态位而迅速定居和建群，主要在比较适宜的空旷裸滩中扩散定居。

广西自 2002 年开始在钦州茅尾海进行无瓣海桑规模化造林，2013 年无瓣海桑人工林达到 189.36 hm²。至 2021 年 5 月，钦州市海岸无瓣海桑面积已达到 352.72 hm²，是 2013 年的 1.86 倍。根据实地调查，在影响林区 FC07 样地发现 4 株无瓣海桑，株高在 175 ～ 400 cm，平均株高 280 cm。相同样地的本土物种桐花树和白骨壤平均株高分别为 127 cm、146 cm，与无瓣海桑形成了明显的分层。

在钦州湾，无瓣海桑已经自然扩散至非种植区域，显然它已高度适应当地环境，并已具有自我繁殖能力。在河口两岸、红树林林缘、海堤内的养殖塘沟渠都可生长，甚至入侵本土红树林群落内部，有的已经形成自然扩散群落。同时，在已郁闭的无瓣海桑人工林下，原生红树植物的幼苗难以生长，群落结构严重单一化。无瓣海桑具有化感作用，可抑制本土红树林树种生长，如不及时控制并采取防治措施，将会对红树林生态系统造成破坏。

目前影响林区没有发现互花米草和拉关木等外来入侵植物。

7.3 影响林区红树植物种类分布

7.3.1 影响林区红树林种类组成

根据现场调查结果，影响林区内分布有真红树植物 7 种，即卤蕨、桐花树、白骨壤、秋茄、木榄、海漆、无瓣海桑，半红树植物 4 种，即苦郎树、黄槿、海杧果、阔苞菊。主要物种的生态位宽度较大，生态位重叠度较高，但在垂直分布上分化。

卤蕨是凤尾蕨科卤蕨属蕨类植物，植株高可达 2 m，可生长于高潮带滩涂、河岸及盐碱湿地。国内分布于广东、广西、海南、香港等地，国外分布于亚洲、非洲、美洲的热带地区。

白骨壤是马鞭草科海榄雌属植物，灌木或小乔木，树高 0.5 ～ 10 m 不等。在主干的四周长有细长棒状的指状呼吸根。白骨壤是耐盐和耐水淹能力最强的红树植物，从低潮带至高潮带均可生长，对沉积物类型适应性广，在淤泥、半泥沙质和沙质海滩均可生存，属中、高盐度海域的演替先锋树种，是广西乃至我国分布面积最大的红树，也是影响林区分布面积最大的红树群落。

桐花树是紫金牛科桐花树属植物，灌木或小乔木，多分枝，树高 1.5 ～ 5 m。桐花树多分布于河口海湾中潮带滩涂，常形成大面积林分，是盐度较低海域红树林演替的先锋树种，对盐度、潮位、沉积物类型适应性广，耐寒能力仅次于秋茄。在影响林区，桐花树群落分布面积仅次于白骨壤群落。

木榄是红树科木榄属植物，乔木或灌木，树高 6 ～ 8 m。嗜热广布种，在我国分布于广西、广东、海南、福建和台湾。适宜生于淤泥深厚、表土较为坚实的中、内滩涂上，或与秋茄、桐花树、白骨壤等混生，或组成单一的木榄群落。

秋茄是红树科秋茄属植物，乔木或灌木，树高 6 ～ 10 m。秋茄对温度和潮带的适应性都较广，是北半球最抗寒的种类。在我国分布于广西、广东、海南、福建、台湾和浙江。既可在淤泥质中内滩形成纯林，也可与其他红树植物混生。

海漆是大戟科海漆属植物，乔木，树高 3 ～ 4 m。广布种，在我国分布于广西、广东、海南、台湾。常见于高潮上带及堤岸斜面。

无瓣海桑是海桑科海桑属植物，高大乔木，树高可达 15 ～ 20 m。适宜生长在盐度较低的河口区，有笋状呼吸根伸出滩面。天然分布于印度、孟加拉国、斯里兰卡等国，1985 年从孟加拉国引种到我国海南东寨港试种，3 年后开花结果，此后成功引种至广西、广东、福建等地。茅尾海是广西无瓣海桑的最主要分布区。

海杧果是夹竹桃科海杧果属植物，树高 4 ～ 8 m。国内分布于广东、广西、台湾、海南等地。在亚洲热带地区和澳大利亚也有分布。

黄槿是锦葵科木槿属植物，常绿灌木或乔木，树高 4 ～ 10 m。国内分布于广东、广西、海南、福建、台湾，国外分布于越南、柬埔寨、缅甸、印度、印度尼西亚、马来西亚、菲律宾、老挝等国。

苦郎树是马鞭草科大青属植物，灌木，树高 1 ～ 2 m。国内分布于广西、广东、海南、福建、台湾等地，国外分布于印度、东南亚至大洋洲北部。

阔苞菊是菊科阔苞菊属植物,灌木,茎直立,树高2～3 m。生于海滨沙地及潮上带。国内分布于南部沿海各省,国外分布于印度、缅甸、越南、老挝、柬埔寨、泰国、马来西亚、印度尼西亚及菲律宾。

7.3.2 影响林区不同温升区红树林种类分布

1～＜2℃温升区有真红树6种,分别为桐花树、白骨壤、秋茄、海漆、无瓣海桑、卤蕨。影响林区的白骨壤、桐花树、秋茄多为混生,海漆和卤蕨均未形成群落,海漆零星分布在高潮带,卤蕨零星分布在海堤后方的咸酸地,无瓣海桑仅发现4株,分布在核电厂取水口潮间带滩涂。2～＜3℃温升区内分布有真红树4种,分别为桐花树、白骨壤、秋茄、海漆,海漆仅在高潮带零星分布。影响林区各模拟温升区红树林物种分布见表7-3-1。

表7-3-1　影响林区各模拟温升区红树林物种分布

温升区	真红树植物	半红树植物
1～＜2℃	桐花树、白骨壤、秋茄、海漆、卤蕨、无瓣海桑	苦郎树、黄槿、阔苞菊、海杧果
2～＜3℃	桐花树、白骨壤、秋茄、海漆	苦郎树、黄槿、阔苞菊、海杧果

7.4 影响林区红树植物叶片性状

7.4.1 叶片面积

桐花树叶片面积变化范围为9.52～12.98 cm²/片,平均值为11.35 cm²/片;白骨壤叶片面积变化范围为7.56～19.65 cm²/片,平均值12.12 cm²/片;秋茄叶片面积变化范围为10.35～27.38 cm²/片,平均值16.68 cm²/片;桐花树、白骨壤和秋茄的叶片面积最大值均出现在FC06样方(见表7-4-1)。T检验表明桐花树、白骨壤之间叶片面积差异不明显($p > 0.05$),而均与秋茄的差异显著($p < 0.05$)。

表7-4-1　影响林区红树植物叶片的面积、干重和比叶面积

样方	叶片面积（cm²/片）			叶片干重（g/片）			比叶面积（cm²/g）		
	桐花树	白骨壤	秋茄	桐花树	白骨壤	秋茄	桐花树	白骨壤	秋茄
FC01	11.62	9.91	13.93	0.102	0.169	0.246	113.92	58.64	56.63
FC02	12.10	/	14.97	0.222	/	0.251	54.50	/	59.64
FC03	10.88	7.56	10.35	0.209	0.133	0.226	52.06	56.84	45.80

续表

样方	叶片面积（cm²/片）			叶片干重（g/片）			比叶面积（cm²/g）		
	桐花树	白骨壤	秋茄	桐花树	白骨壤	秋茄	桐花树	白骨壤	秋茄
FC04	11.96	13.43	18.16	0.178	0.205	0.287	67.19	65.51	63.28
FC05	10.83	12.97	18.74	0.213	0.222	0.330	50.85	58.42	56.79
FC06	12.98	19.65	27.38	0.193	0.230	0.353	67.25	85.43	77.56
FC07	11.56	10.78	15.09	0.219	0.211	0.222	52.79	51.09	67.97
FC08	9.52	9.33	20.16	0.174	0.168	0.297	54.71	55.54	67.88
FC09	10.91	11.79	11.35	0.233	0.219	0.174	46.82	53.84	65.23
FC10	11.14	13.62	/	0.236	0.238	/	47.20	57.23	/
平均	11.35	12.12	16.68	0.198	0.199	0.265	60.73	60.28	62.31

注：/ 表示该站位未采集到某种植物叶片。

7.4.2　叶片干重

桐花树叶片干重变化范围为 0.102 ～ 0.236 g/片，平均值为 0.198 g/片；白骨壤叶片干重变化范围为 0.133 ～ 0.238 g/片，平均值为 0.199 g/片；秋茄叶片干重变化范围为 0.174 ～ 0.353 g/片，平均值为 0.265 g/片；桐花树、白骨壤叶片干重最大值出现在 FC10 样方，秋茄的叶片干重最大值出现在 FC06 样方（见表 7-4-1）。T 检验表明桐花树、白骨壤之间叶片差异不显著（$p > 0.05$），而均与秋茄的差异显著（$p < 0.05$）。

7.4.3　比叶面积

桐花树、白骨壤和秋茄的比叶面积变化范围分别在 46.82 ～ 113.92 cm²/g、51.09 ～ 85.43 cm²/g 及 45.80 ～ 77.56 cm²/g（见表 7-4-1），平均比叶面积分别为 60.73 cm²/g、60.28 cm²/g 和 62.31 cm²/g。虽然变化范围有所不同，但平均比叶面积较接近。统计分析表明，影响林区同一树种不同站位间的叶片面积、叶片干重和比叶面积均存在显著性差异（$0.000 \leqslant p \leqslant 0.016$），而 3 个树种的比叶面积差异不显著（$p > 0.05$），表明 3 个树种应对光照、盐度等生境条件变化，采取叶片面积扩大或单叶干物质增大的策略，其效应是一致的。

7.4.4　叶绿素含量

影响林区不同植物的叶片叶绿素含量有所差别（见表 7-4-2）。桐花树、白骨壤和秋茄的叶绿素 a 含量变化范围分别在 0.020 ～ 0.055 mg/cm²、0.028 ～ 0.047 mg/cm²、0.018 ～ 0.048 mg/cm²，平均值分别为 0.031 mg/cm²、0.040 mg/cm² 和 0.034 mg/cm²。FC06 样方的桐花树和秋茄的叶绿素 a 含量最高，FC09 样方的白骨壤的叶绿素 a 含量最高。

桐花树、白骨壤和秋茄的叶绿素 b 含量变化范围分别在 0.006 ～ 0.019 mg/cm²、0.008 ～ 0.016 mg/cm²、0.009 ～ 0.024 mg/cm²，平均值分别为 0.010 mg/cm²、0.013 mg/cm² 和 0.013 mg/cm²。FC06 样方桐花树的叶绿素 b 含量最高，FC09 样方白骨壤的叶绿素 b 含量相对较高，FC07 样方秋茄的叶绿素 b 含量相对较高。

各站位中，FC09 样方的白骨壤叶绿素总量最高，为 0.063 mg/cm²；FC06 样方的桐花树、秋茄叶绿素总量最高，分别为 0.074 mg/cm² 和 0.064 mg/cm²。统计分析表明影响林区同一树种不同站位间的叶绿素总量均存在显著性差异（$p = 0.000$）。

表 7-4-2　影响林区各站位红树叶片叶绿素含量

样方	叶绿素 a（mg/cm²）			叶绿素 b（mg/cm²）			叶绿素总量（mg/cm²）		
	桐花树	白骨壤	秋茄	桐花树	白骨壤	秋茄	桐花树	白骨壤	秋茄
FC01	0.020	0.044	0.031	0.006	0.014	0.009	0.026	0.058	0.040
FC02	0.034	/	0.044	0.011	/	0.014	0.045	/	0.058
FC03	0.037	0.045	0.031	0.011	0.014	0.011	0.048	0.059	0.042
FC04	0.037	0.044	0.031	0.012	0.015	0.009	0.049	0.059	0.040
FC05	0.026	0.034	0.034	0.008	0.011	0.010	0.034	0.045	0.044
FC06	0.055	0.039	0.048	0.019	0.013	0.016	0.074	0.052	0.064
FC07	0.026	0.032	0.018	0.009	0.010	0.024	0.035	0.042	0.042
FC08	0.035	0.045	0.036	0.011	0.012	0.012	0.046	0.057	0.048
FC09	0.024	0.047	0.037	0.007	0.016	0.012	0.031	0.063	0.049
FC10	0.020	0.028	/	0.006	0.008	/	0.026	0.036	/

注：/ 表示该站位未采集到某种植物叶片。

7.5　影响林区水体环境特征

7.5.1　水温

监测期间，影响林区各站位平均水温由高到低排序：FC10 > FC04 > FC01 > FC07，分别为 30.94℃、30.26℃、29.66℃ 和 29.64℃。结合监测期间的气象分析可知，

6月16日、17日，当地天气是阴天有阵雨，日照强度不强（最高仅5511.1 lux），4个监测站位的水温接近。6月18日至22日为晴天，日照强度大（最高达15844.5 lux），FC10站位温升明显高于其他3个监测站位。尤其是6月21日，FC10站位温度高于其所在的模拟温升，与海区平均水温最低的FC07站位的最高温升相比，高了3.85℃（见图7-5-1），影响林区4个监测样地滩涂宽度差异较大（见图7-5-2），FC10的滩涂最为宽阔，达2920 m。项目组查阅天津大学2022年5月编制的《防城港核电厂5、6号机组温排水数值模拟分析及验证专题（送审稿）》中无人机遥测结果（见图7-1-9），文中认为"由于自然因素影响，低潮时海水退潮，滩涂大面积露出，太阳辐射导致滩涂升温达2～＜3℃，从而叠加影响造成该区域表层水温偏高"，本项目在影响林区的水温监测结果与这个结论相符。

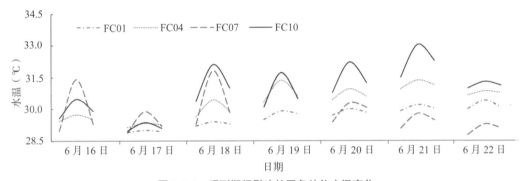

图7-5-1　观测期间影响林区各站位水温变化

图7-5-2　影响林区滩涂宽度状况

7.5.2 林外滩涂上覆水盐度

影响林区林外滩涂上覆水的盐度变化较大，范围为 10.882 ～ 18.065（见图 7-5-3），盐度不高，河口性质较强。FC09 和 FC01 站位盐度较高，分别为 18.065 和 16.987。林外滩涂上覆水的盐度受到地理地形和咸淡水交汇影响。FC09 站位处于小海湾内部，相对比较封闭。FC01 站位的外围有一道土坡，涨潮带来的高盐水可滞留一段时间。因此，FC01 和 FC09 站位咸淡水交汇相对缓慢，盐度较其他站位相对较高。FC08 站位盐度最低，为 10.882。

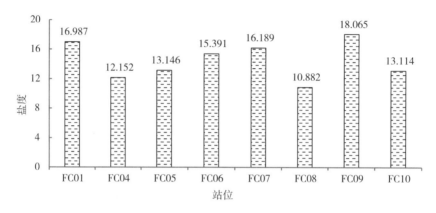

图 7-5-3　影响林区各站位林外滩涂上覆水盐度

7.5.3 林外滩涂上覆水 pH

各站位林外滩涂上覆水 pH 在 6.65 ～ 7.66，FC07 站位的 pH 最低，FC08 站位的 pH 最高（见图 7-5-4）。

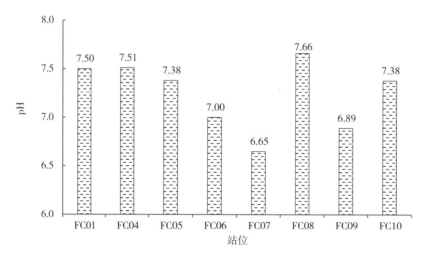

图 7-5-4　影响林区各站位林外滩涂上覆水 pH

7.6 影响林区沉积物环境特征

7.6.1 沉积物间隙水盐度

影响林区各站位沉积物间隙水盐度变化较大，介于 7.770 ～ 22.412 之间（见图 7-6-1）。FC10 和 FC05 站位盐度较高，分别为 22.412 和 20.359；FC07 间隙水的盐度最低，为 7.770。间隙水盐度受到滩涂高程和咸淡水交汇的影响。

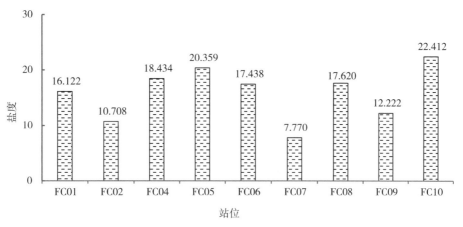

图 7-6-1 影响林区各站位沉积物间隙水盐度

7.6.2 沉积物间隙水 pH

各站位沉积物间隙水 pH 在 6.91 ～ 7.53，FC04 站位间隙水的 pH 最低，FC02 站位间隙水的 pH 最高（见图 7-6-2）。

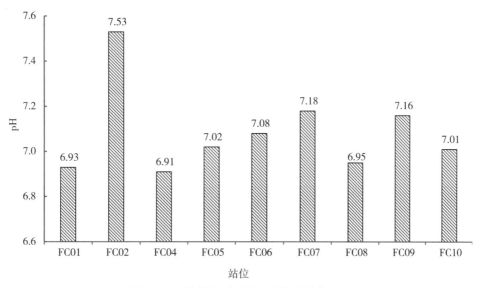

图 7-6-2 影响林区各站位沉积物间隙水 pH

7.6.3 沉积物粒度结构

影响林区沉积物类型主要为砂质粉砂和粉砂质砂两大类。粒度组成主要以砂（0.063 mm ＜ Φ ≤ 2 mm）和粉砂（0.004 mm ＜ Φ ≤ 0.063 mm）为主，砂含量占比为 24.55% ～ 77.86%，平均为 46.70%；粉砂含量占比为 20.37% ～ 65.43%，平均为 48.11%。黏土（Φ ≤ 0.004 mm）占比在 1.54% ～ 10.02%，平均为 5.11%。砾石（Φ ＞ 2 mm）占比在 0 ～ 0.45%，平均为 0.09%。中值粒径在 14.8 ～ 157.0 μm，平均为 58.7 μm（见表 7-6-1）。

总体上，影响林区各站位沉积物的砂和粉砂占比较高，黏土含量较低。影响林区各个样方的红树林群落较为成熟及稳定演替，说明沉积物类型符合以白骨壤和桐花树先锋树种为主的红树林的生长需要。

表 7-6-1 影响林区各站位沉积物粒度组成

站位	砾（%）	砂（%）	粉砂（%）	黏土（%）	中值粒径（μm）	沉积物类型
FC01	0	50.67	43.72	5.60	65.3	粉砂质砂
FC04	0	24.55	65.43	10.02	14.8	砂质粉砂
FC05	0.45	43.09	50.14	6.32	38.5	砂质粉砂
FC06	0	45.25	49.17	5.57	49.1	砂质粉砂
FC07	0	53.29	45.14	1.58	72.5	粉砂质砂
FC08	0	45.52	51.27	3.22	47.6	砂质粉砂
FC09	0	33.39	59.60	7.01	24.6	砂质粉砂
FC10	0.24	77.86	20.37	1.54	157.0	粉砂质砂

7.6.4 沉积物容重

影响林区沉积物容重的变化范围为 0.89 ～ 1.62 g/cm³（见图 7-6-3）。容重最高值出现在 FC10 站位，这与沉积物的粒度特征相吻合，FC10 站位沉积物细砂含量最高，中值粒径最大。相关性分析表明沉积物粒度的中值粒径与容重的相关系数为 0.803，呈显著正相关（$p < 0.001$），说明沉积物粒度中值粒径越大，容重越大。

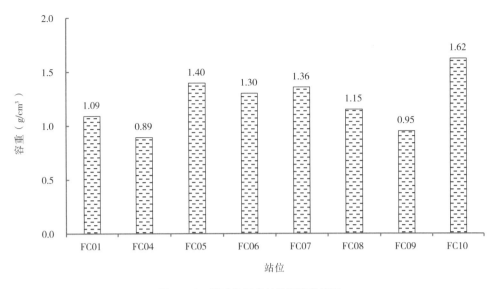

图 7-6-3　影响林区各站位沉积物容重

7.6.5　沉积物 pH

影响林区沉积物 pH 在 7.21 ～ 7.53（见表 7-6-2），除 FC05 站位呈碱性外，其余站位沉积物均呈中性，整体差异不大。

表 7-6-2　影响林区沉积物理化性质及肥力状况

站位	pH	总氮(mg/g)	总磷（mg/g）	有机碳（%）	综合肥力系数	肥力等级	分级描述
FC01	7.44	0.59	0.11	0.90	0.34	IV	贫瘠
FC04	7.31	0.88	0.11	1.80	0.53	IV	贫瘠
FC05	7.53	0.78	0.10	1.10	0.40	IV	贫瘠
FC06	7.34	0.76	0.08	1.60	0.45	IV	贫瘠
FC07	7.21	1.45	0.06	2.20	0.68	IV	贫瘠
FC08	7.25	0.96	0.06	1.20	0.42	IV	贫瘠
FC09	7.24	1.10	0.10	1.40	0.50	IV	贫瘠
FC10	7.36	0.44	0.09	0.60	0.24	IV	贫瘠

7.6.6　沉积物肥力状况

影响林区各站位沉积物总氮和有机碳含量较高，总磷含量较低（见表 7-6-2）。沉积物总氮含量在 0.44 ～ 1.45 mg/g，参考全国第二次土壤普查养分分级标准，FC10 站位属于第六级水平，FC01 站位属于第五级水平，FC04、FC05、FC06、FC08 站位属于第四级水平，FC07、FC09 站位属于第三级水平。沉积物总磷含量在 0.06 ～ 0.11 mg/g，各站位均属于第六级水平；有机碳含量在 0.60% ～ 2.20%，差异较大，其中，FC07 站位的有机碳含量最高。

分析结果表明，影响林区沉积物综合肥力系数在 0.24 ～ 0.68（见表 7-6-2），各站位的沉积物肥力等级均属第Ⅳ级，为贫瘠水平。

7.7 影响林区水动力特征

7.7.1 流向

钦州湾潮汐属于日潮类型，一年之中日潮的时间约为 60% ～ 70%，平均潮差 2.40 m，为强潮型海湾。该湾潮流的运动形式属往复流性质，涨落潮流方向与钦州湾深槽走向一致，涨潮方向指北，落潮流由茅尾海向外。本项目影响林区调查站位在潮间带，受到具体地形的影响，各站位流向与主航道的差异较大（见图 7-7-1）。

FC01 站位处在茅尾海靠近湾颈处的红树林潮间带，受到其西部和南部均为陆地的影响，涨潮期流向以西南和南向为主，并在平潮期大致维持这种流向约 1h 后顺时针转向，落潮期主要方向为东北向。

FC04 站位的东南至西部一带为陆地，涨潮初期流向从西南至南向，随着水深增加流向转为西向，落潮期以东向为主。

FC06 站位处在海岛红树林潮间带，其北部较深，紧邻站位的南部也较深，但更南部则为浅滩。林带狭窄，潮沟发育尚未明显，对流向的影响微小。涨潮水自海岛东部绕过海岛至北部再折向南，因此涨潮期和落潮期流向均以东南至西南向为主。

FC07 站位处在核电进水口内，受到进水明渠的约束，流向变化较小，整个潮期流向以南至西南向为主。

FC08 站位的南部为陆地，东部为浅滩，受地形影响，涨潮期流向由西南向转南向，落潮期则从南向顺时针转变为东北向。

FC10 站位林带不宽，未见潮沟发育，流向变化不大，各时刻流向主要是南至西南流向。涨潮时湾外潮水先沿着排水明渠边缘水深较大的路线北进，然后掉头沿着沙螺寮沿岸向南流出；落潮时，受到来自 FC08 站位落潮水的影响，流向仍然维持南至西南流向。

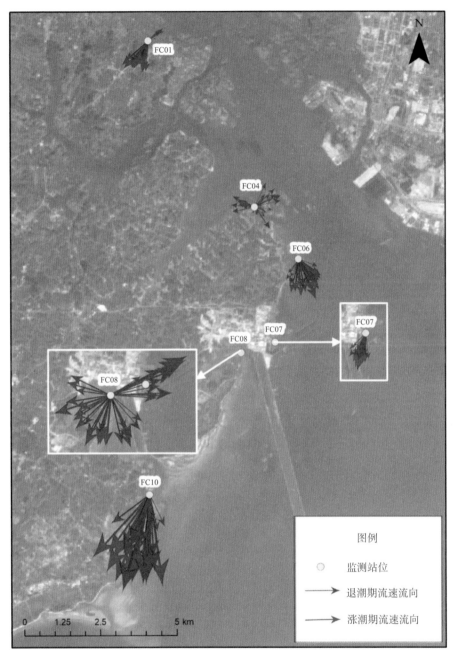

图 7-7-1　影响林区潮水流向流速图

7.7.2　流速

据相关文献，钦州湾主航道的落潮流速明显大于涨潮流速，涨潮平均流速
8 ～ 28 cm/s，落潮平均流速 9 ～ 55 cm/s。本项目调查站位均位于潮间带，多数红树
林区分布在局部小海湾，平均流速一般不高于主航道，范围为 3.23 ～ 13.79 cm/s。

从表 7-7-1、图 7-7-1 可知，影响林区各站位按平均流速从大到小依次为 FC10、FC08、FC07、FC06、FC01、FC04。各站位的平均流速大小与地形遮蔽程度有关，同时由于地形的集流作用，局部区域潮流流速比较大。FC10 和 FC08 平均流速属第一层次，FC10 较其他站位相对开阔，因此流速最大；FC08 处在核电排水明渠与潮间带滩涂夹角的顶部，是潮水聚集区域，因此该处平均流速明显比除 FC10 外的其他站位高。

表 7-7-1　影响林区各站位流速特征值

站位	平均流速（cm/s）	涨潮期平均流速（cm/s）	落潮期平均流速（cm/s）	最大流速（cm/s）
FC01	4.66	5.96	3.09	7.91
FC04	3.23	2.63	3.97	6.39
FC06	5.49	6.50	4.40	9.40
FC07	6.18	6.48	5.94	8.17
FC08	10.68	9.65	11.57	17.80
FC10	13.79	15.12	12.06	21.32

通常河口海湾的涨落潮流速基本规律表现为涨潮流速小于落潮流速。在影响林区的 6 个调查站位中，仅有 2 个遵循这个规律，其余 4 个站位均表现为涨潮流速大于落潮流速。

7.7.3　淹水时长

监测期间影响林区各站位红树林淹水特征值见表 7-7-2。由表可知，各站位按最大水深从大到小依次为 FC01、FC04、FC06、FC08、FC10、FC07；各站位的淹水时长居前四者在最大水深的顺序是一致的，但 FC07 比较特殊，淹水时长比 FC10 稍大，可能与 FC07 位于进水口范围内，水体流速相对较低有关。总体来说，调查区北部的站位淹水时长高于南部站位，钦州湾的湾颈处很狭窄，导致内湾泄水较缓慢。

表 7-7-2　监测期间影响林区各站位红树林淹水特征值

站位	涨潮浸及时刻	落潮露空时刻	最大水深（m）	淹水时长（h）
FC01	13：21	3：37	3.09	14.27
FC04	13：22	2：22	3.00	13.00

续表

站位	涨潮浸及时刻	落潮露空时刻	最大水深（m）	淹水时长（h）
FC06	13：49	1：35	2.83	11.77
FC07	14：21	0：57	2.46	10.60
FC08	14：09	1：36	2.71	11.45
FC10	14：35	0：35	2.50	10.00

7.8 影响林区大型海藻生态

7.8.1 种类组成

在影响林区红树植株上采集到大型海藻 8 种，其中蓝藻门 3 种，包括颤藻（*Oscillatoria* sp.）、脆席藻（*Phormidium fragile*）和巨大鞘丝藻（*Lyngbya majuscula*）；红藻门 3 种，包括粗壮链藻（*Catenella nipea*）、卷枝藻（*Bostrychia* sp.）和鹧鸪菜（*Caloglossa leprieurii*）；绿藻门 2 种，为岸生根枝藻（*Rhizoclonium riparium*）和无隔藻（*Vaucheria* sp.）。

各站位红树植株上的大型海藻种数呈现一定的差异（见图 7-8-1）。其中 FC01 和 FC04 站位种数最多，为 8 种；其次为 FC06，为 7 种；FC05、FC10 和 FC07 站位分别为 6 种、4 种和 3 种；FC08 和 FC09 站位均未采集到大型海藻。本次调查时间为夏季，夏季通常为大型海藻的衰败期，其种数一般比冬、春季少。

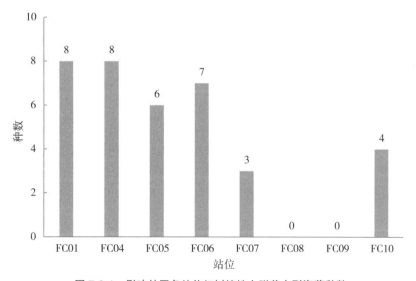

图 7-8-1 影响林区各站位红树植株上附着大型海藻种数

7.8.2 附着高度变化

影响林区桐花树主茎上大型海藻的附着高度呈由北向南逐渐下降的趋势（见图7-8-2）。其中，FC01站位附着高度最高，为117.0 cm；FC04次之，为77.8 cm；FC05、FC06和FC07站位分别为31.9 cm、28.0 cm和20.2 cm。

影响林区白骨壤主茎上大型海藻的附着高度较低（见图7-8-2），FC06、FC07和FC10站位附着高度分别为15.5 cm、18.1 cm和10.1 cm。

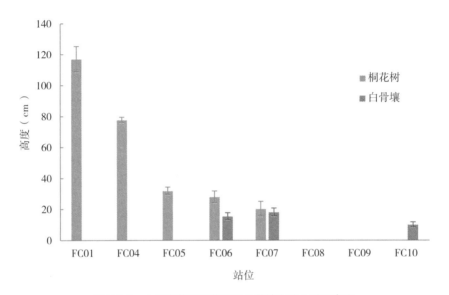

图 7-8-2　大型海藻在桐花树和白骨壤主茎上附着高度

同一站位中，桐花树主茎上的大型海藻附着高度都高于白骨壤的。白骨壤枝干表皮光滑、颜色较淡，不利于大型海藻附着生长；而桐花树枝干表皮粗糙，颜色较深，更适宜大型海藻的附着。

7.8.3 生物量空间分布

7.8.3.1 FC01站位大型海藻生物量

在FC01站位桐花树主茎上共采集到大型海藻8种，主要大型海藻各种群生物量分布如图7-8-3所示。4个优势种中，粗壮链藻的生物量范围为0.29～4.57 g/m²，平均生物量最高，为2.10 g/m²；鹧鸪菜的生物量范围为0.10～2.29 g/m²，平均为1.26 g/m²；卷枝藻的生物量范围为0.06～2.15 g/m²，平均为1.00 g/m²；岸生根枝藻的生物量范围为0～0.43 g/m²，平均为0.14 g/m²。大型海藻附生主茎各层的总生物量平均为4.50 g/m²。

4种主要大型海藻中，粗壮链藻在每层的生物量均最大，占绝对优势，其最大生物量出现在50～< 60 cm层；卷枝藻的最大生物量出现在70～< 80 cm层；鹧鸪菜

则在 20 ～＜ 40 cm 层出现较多生物量；岸生根枝藻的最大生物量出现在底层，并呈随高度增加而下降的趋势。

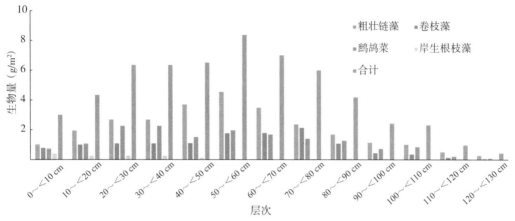

图 7-8-3　FC01 站位主要大型海藻各种群的生物量分布

7.8.3.2　FC04 站位大型海藻生物量

在 FC04 站位桐花树群落共采集到大型海藻 8 种，主要大型海藻各种群生物量如图 7-8-4 所示。4 个优势种中，粗壮链藻的生物量范围为 0.58 ～ 2.80 g/m²，平均生物量在 4 个种群中最高，为 1.87 g/m²；鹧鸪菜次之，生物量范围为 0.39 ～ 1.81 g/m²，平均为 0.99 g/m²；卷枝藻的生物量范围为 0.26 ～ 1.15 g/m²，平均生物量为 0.80 g/m²。岸生根枝藻生物量最小，范围为 0.04 ～ 0.22 g/m²，平均生物量为 0.11 g/m²。大型海藻附生主茎各层的总生物量范围为 1.31 ～ 5.76 g/m²，平均为 3.76 g/m²。

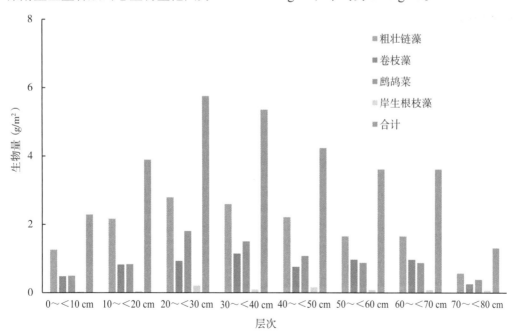

图 7-8-4　FC04 站位主要大型海藻各种群的生物量分布

4 种主要大型海藻中，粗壮链藻在每层的生物量均最大，占绝对优势，其最大生物量出现在 20 ～< 30 cm 层。卷枝藻最大生物量出现在 30 ～< 40 cm 层，鹧鸪菜和岸生根枝藻的最大生物量均出现在 20 ～< 30 cm 层。

7.8.3.3 FC05 站位大型海藻生物量

在 FC05 站位桐花树主茎上共采集到 6 种大型海藻，主要大型海藻各种群的生物量分布如图 7-8-5 所示。4 个优势种中，粗壮链藻的生物量范围为 1.12 ～ 2.10 g/m²，平均生物量最高，为 1.59 g/m²。其次为鹧鸪菜，生物量范围为 0.38 ～ 1.02 g/m²，平均生物量为 0.76 g/m²。卷枝藻的生物量范围为 0.26 ～ 0.73 g/m²，平均生物量为 0.50 g/m²。岸生根枝藻的生物量范围为 0 ～ 0.06 g/m²，平均生物量为 0.04 g/m²。大型海藻附生主茎各层的总生物量范围为 1.95 ～ 3.80 g/m²，平均为 2.89 g/m²。

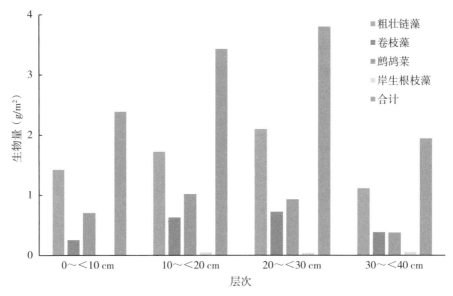

图 7-8-5　FC05 站位主要大型海藻各种群的生物量分布

4 种主要大型海藻中，粗壮链藻的生物量在各层均占绝对优势。粗壮链藻和卷枝藻最大生物量均出现在 20 ～< 30 cm 层，鹧鸪菜最大生物量出现在 10 ～< 20 cm 层，岸生根枝藻的最大生物量则出现在 30 ～< 40 cm 层。

7.8.3.4 FC06 站位大型海藻生物量

在 FC06 站位共采集到 7 种大型海藻。该站位有桐花树和白骨壤 2 种红树（见图 7-8-6 和图 7-8-7），分树种描述如下：

（1）桐花树主茎附着的粗壮链藻生物量范围为 0.45 ～ 1.78 g/m²，平均生物量为 1.20 g/m²；鹧鸪菜的生物量范围为 0.19 ～ 1.16 g/m²，平均生物量为 0.69 g/m²；卷枝藻的生物量范围为 0.14 ～ 0.60 g/m²，平均生物量为 0.40 g/m²；岸生根枝藻的生物量范围为 0 ～ 0.09 g/m²，平均生物量为 0.04 g/m²。大型海藻附生桐花树主茎各层的总生物量范围为 0.78 ～ 3.47 g/m²，平均为 2.32 g/m²。

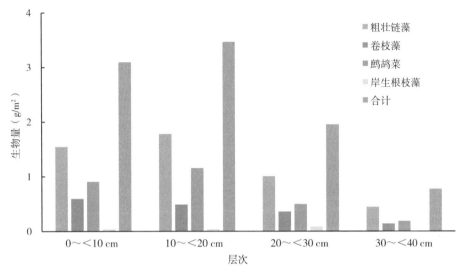

图 7-8-6　FC06 站位桐花树植株大型海藻各种群的生物量分布

（2）白骨壤主茎附着的大型海藻仅为脆席藻、卷枝藻和鹧鸪菜 3 种。其中卷枝藻生物量范围为 0.33 ～ 0.52 g/m²，平均生物量为 0.43 g/m²；鹧鸪菜的生物量范围为 0.33 ～ 0.34 g/m²，平均生物量为 0.34 g/m²。

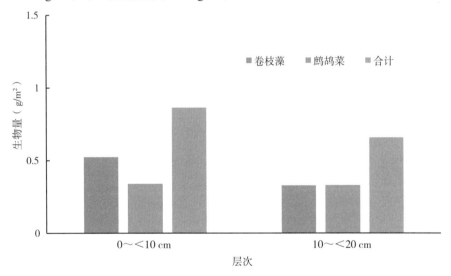

图 7-8-7　FC06 站位白骨壤植株大型海藻各种群的生物量分布

在桐花树植株垂直空间中，各种类的大型海藻最大生物量均不出现在顶层。粗壮链藻和鹧鸪菜最大生物量分布在 10 ～＜ 20 cm 层，卷枝藻最大生物量分布在 0 ～＜ 10 cm 层，岸生根枝藻最大生物量分布在 20 ～＜ 30 cm 层。白骨壤主茎上的 3 种大型海藻附着高度均低于 20 cm。

7.8.3.5 FC07 站位大型海藻生物量

FC07 站位有桐花树和白骨壤 2 种红树, 分树种采集主茎附着大型海藻（见图 7-8-8）。该区域群落采集到卷枝藻、鹧鸪菜和岸生根枝藻 3 种大型海藻, 分树种描述如下:

（1）桐花树主茎上附着的岸生根枝藻生物量最大, 范围为 0.40 ～ 1.86 g/m², 平均为 1.13 g/m²; 其次为卷枝藻, 生物量范围为 0.34 ～ 0.43 g/m², 平均为 0.39 g/m²; 鹧鸪菜的生物量范围为 0.28 ～ 0.31 g/m², 平均为 0.30 g/m²。桐花树主茎各层的海藻总生物量范围为 1.06 ～ 2.58 g/m², 平均为 1.82 g/m²。

（2）白骨壤主茎上海藻以岸生根枝藻生物量最大, 范围为 0 ～ 1.38 g/m², 平均为 0.69 g/m²; 卷枝藻生物量范围为 0.10 ～ 0.51 g/m², 平均为 0.30 g/m²; 鹧鸪菜的生物量范围为 0.15 ～ 0.28 g/m², 平均为 0.22 g/m²。

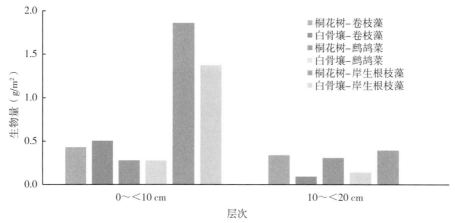

图 7-8-8 FC07 站位大型海藻各种群的生物量分布

FC07 站位的桐花树和白骨壤主茎上的大型海藻附着高度均低于 20 cm。各种类最大生物量均分布在底层, 10 ～＜ 20 cm 层上的卷枝藻和鹧鸪菜生物量相近。该站位大型海藻多样性低, 由绿藻占据主导地位。

7.8.3.6 FC10 站位大型海藻生物量

FC10 站位为白骨壤群落。主茎上共采集到大型海藻 4 种, 仅分布在 0 ～＜ 10 cm 层。其中, 岸生根枝藻生物量为 2.02 g/m², 是生物量最高的海藻; 其次为卷枝藻, 生物量为 0.72 g/m²; 鹧鸪菜的生物量为 0.37 g/m²; 粗壮链藻的生物量为 0.17 g/m²。附生大型海藻的总生物量为 3.27 g/m²。本站位的岸生根枝藻生物量占比达 61.78%, 优势较明显。

7.8.3.7 影响林区各站位大型海藻生物量比较

结果表明, 影响林区桐花树大型海藻生物量随站位由北向南逐渐降低（见图 7-8-9）。其中 FC01 站位大型海藻平均生物量最高, 为 4.50 g/m²; FC04 站位次之, 为 3.76 g/m²; FC05 站位大型海藻平均生物量为 2.89 g/m²; 随后依次为 FC06 和 FC07 站位, 平均生物量分别为 2.32 g/m² 和 1.82 g/m²。FC06、FC07 和 FC10 站位的白骨壤植株大型海藻平均生物量依次升高，分别为 0.76 g/m²、1.21 g/m² 和 3.27 g/m²。

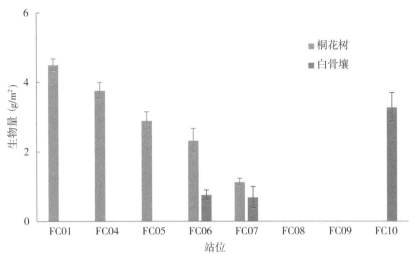

图 7-8-9　影响林区大型海藻生物量分布

7.8.4　覆盖度空间分布

7.8.4.1　FC01 站位大型海藻覆盖度

在 FC01 站位桐花树主茎共采集到大型海藻 8 种。大型海藻附生主茎各层的总覆盖度平均为 73%。3 大优势种群在各层次占绝对优势且交替占据主导（见图 7-8-10），其中，鹧鸪菜的平均覆盖度最高，达 35%；粗壮链藻次之，为 32%；卷枝藻居第三，为 24%；岸生根枝藻、颤藻、脆席藻、巨大鞘丝藻和无隔藻覆盖度相近，范围为 5% ～ 6%。

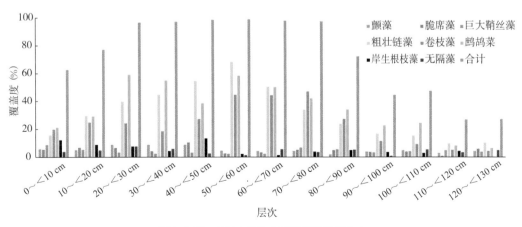

图 7-8-10　FC01 站位大型海藻覆盖度分布

除巨大鞘丝藻外，其余大型海藻的最大覆盖度均不在底层。鹧鸪菜覆盖度最大值出现在 20 ～＜ 40 cm 层，卷枝藻覆盖度最大值出现在 70 ～＜ 80 cm 层。50 ～＜ 60 cm 层总覆盖度最高，60 ～＜ 70 cm 层次之，这两层均以粗壮链藻为最大优势种群。

7.8.4.2 FC04 站位大型海藻覆盖度

FC04 站位在桐花树群落共采集到大型海藻 8 种（见图 7-8-11）。大型海藻附生主茎各层的总覆盖度平均为 57%。鹧鸪菜和粗壮链藻种群占绝对优势且在各层次交替占据主导，两种群的平均覆盖度相近，分别为 28% 和 27%；第三为卷枝藻，覆盖度为 20%；其后依次为岸生根枝藻、颤藻、巨大鞘丝藻、脆席藻和无隔藻，覆盖度分别为 6%、4%、3%、3% 和 3%。

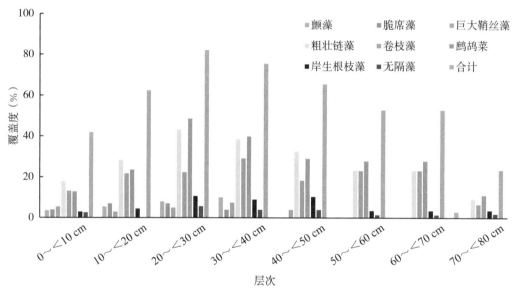

图 7-8-11　FC04 站位大型海藻覆盖度分布

0 ～＜ 10 cm 层是唯一出现全部 8 种大型海藻的层次，但各种大型海藻最大覆盖度均不出现在该层，可知底层大型海藻生物多样性虽高，但生态位竞争激烈。鹧鸪菜、粗壮链藻、岸生根枝藻和无隔藻最大覆盖度均出现在 20 ～＜ 30 cm 层，该层也为总覆盖度最大的层次。

7.8.4.3 FC05 站位大型海藻覆盖度

FC05 站位在桐花树主茎共采集到 6 种大型海藻（见图 7-8-12）。大型海藻附生主茎各层的总覆盖度平均为 50%。粗壮链藻的平均覆盖度最高，为 27%；其次为鹧鸪菜，覆盖度为 23%；卷枝藻第三，为 14%；岸生根枝藻、颤藻和脆席藻覆盖度均较低，分别为 3%、2% 和 1%。

颤藻分布在中下层，脆席藻出现在最高层，粗壮链藻和卷枝藻覆盖度最大值均在 20 ～＜ 30 cm 层，鹧鸪菜最大覆盖度出现在 10 ～＜ 20 cm 层，岸生根枝藻在 10 ～＜ 40 cm 均有分布。最高总覆盖度位于 20 ～＜ 40 cm 层，0 ～＜ 10 cm 层总覆盖度最低。

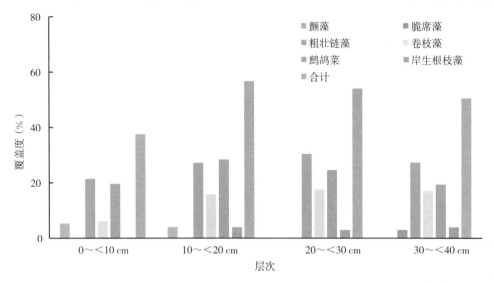

图 7-8-12　FC05 站位大型海藻覆盖度分布

7.8.4.4　FC06 站位大型海藻覆盖度

FC06 站位共采集到 7 种大型海藻（见图 7-8-13 和图 7-8-14）。该站位的桐花树和白骨壤主茎上均附生大型海藻群落，按树种分别描述如下：

（1）桐花树主茎上大型海藻有 7 种。各层海藻总覆盖度范围为 32%～68%，平均为 47%。其中，鹧鸪菜平均覆盖度最高，为 21%；粗壮链藻次之，为 20%；卷枝藻的平均覆盖度为 11%；脆席藻、颤藻、岸生根枝藻和无隔藻覆盖度较低，分别为 4%、4%、4% 和 2%。

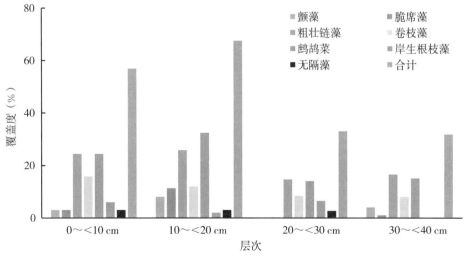

图 7-8-13　FC06 站位桐花树主茎上大型海藻覆盖度分布

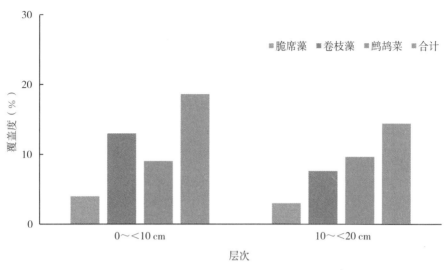

图 7-8-14　FC06 站位白骨壤主茎上大型海藻覆盖度分布

（2）白骨壤主茎上大型海藻有脆席藻、卷枝藻和鹧鸪菜共 3 种。其中卷枝藻覆盖度最大，平均为 10%，鹧鸪菜为 9%，脆席藻为 4%。

桐花树主茎上各种类的大型海藻最大覆盖度均不出现在顶层。卷枝藻最大覆盖度分布在 0 ～＜ 10 cm 层，岸生根枝藻最大覆盖度分布在 20 ～＜ 30 cm 层，其余大型海藻最大覆盖度均分布在 10 ～＜ 20 cm 层。白骨壤主茎上附着的 3 种大型海藻分布均低于 20 cm。

7.8.4.5　FC07 站位大型海藻覆盖度

FC07 站位共采集到卷枝藻、鹧鸪菜和岸生根枝藻 3 种大型海藻（见图 7-8-15）。该站位的桐花树和白骨壤主茎上均附生大型海藻群落，按树种分别描述如下：

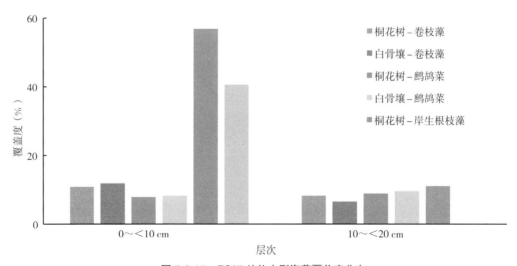

图 7-8-15　FC07 站位大型海藻覆盖度分布

（1）桐花树主茎附着的岸生根枝藻覆盖度平均为 34%，为 3 种附生大型海藻的最大值。卷枝藻和鹧鸪菜平均覆盖度分别为 10% 和 8%，相差不大。

（2）白骨壤主茎上同样是岸生根枝藻覆盖度最大，平均为 20%。卷枝藻和鹧鸪菜覆盖度均为 9%，与桐花树附生大型海藻情况相似。

本站位的桐花树和白骨壤主茎上附着的大型海藻分布均低于 20 cm。各种类最大覆盖度均分布在底层，10 ～＜ 20 cm 层上的卷枝藻和鹧鸪菜覆盖度相近。该站位大型海藻多样性低，由绿藻占据主导地位。

7.8.4.6　FC10 站位大型海藻覆盖度

FC10 站位仅有白骨壤 1 种红树植物，共采集到大型海藻 4 种（见图 7-8-16），均分布在 0 ～＜ 10 cm 层，总覆盖度为 75%。其中，岸生根枝藻覆盖度平均值达 60%，优势明显；其次为卷枝藻，平均覆盖度为 17%；鹧鸪菜和粗壮链藻平均覆盖度分别为 10% 和 4%。

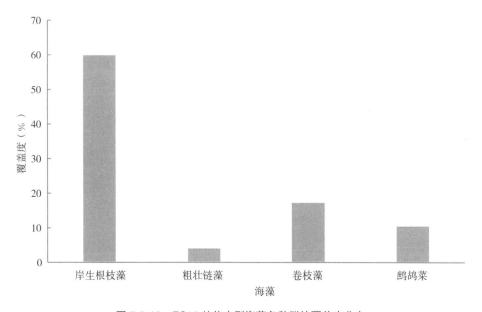

图 7-8-16　FC10 站位大型海藻各种群的覆盖度分布

7.8.4.7　影响林区各站位大型海藻覆盖度比较

影响林区不同站位的大型海藻覆盖度差异较大（见图 7-8-17）。桐花树主茎上大型海藻覆盖度以 FC01 站位最高，达 73%，主要由鹧鸪菜贡献；FC04 站位次之，为 57%；FC05 站位为 50%；其后依次为 FC06 和 FC07 站位。白骨壤主茎上大型海藻总覆盖度以 FC10 站位最高，达 75%，分布在 0 ～＜ 10 cm 层；FC06、FC07 站位分别为 17%、36%。

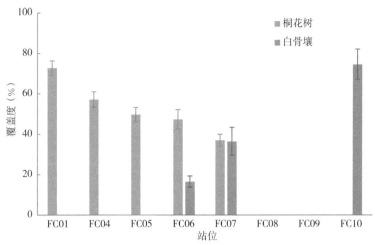

图 7-8-17 影响林区大型海藻的覆盖度分布

7.9 影响林区大型底栖动物群落生态

7.9.1 种类组成

影响林区共获大型底栖动物86种，隶属于腔肠动物门、纽形动物门、环节动物门、星虫动物门、软体动物门、节肢动物门、棘皮动物门、脊索动物门等8门，共12纲53科（见图7-9-1）。在门的水平上，软体动物2门有纲41种，占总种数的47.7%，其中腹足纲和双壳纲分别有20种和21种；其次为节肢动物门，有3纲28种，占32.5%，其中甲壳纲26种，软甲纲和肢口纲各有1种；环节动物门有多毛纲1纲7种，占8.1%；脊索动物门有硬骨鱼纲1纲5种，占5.8%；星虫动物门有革囊星虫、方格星虫纲2纲各1种，占2.3%；腔肠动物门珊瑚虫纲、纽形动物门无针纲、棘皮动物门海参纲各1种，各占1.2%。

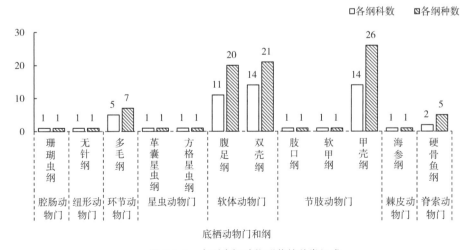

图 7-9-1 大型底栖动物群落的种类组成

影响林区潮间带大型底栖动物以南亚热带海湾广布种为主，亚热带－热带沿岸群落区系特征明显，受钦江淡水和湾外高盐海水交汇影响，调查海域广泛分布扁平拟闭口蟹（*Paracleistostoma depressum*）、珠带拟蟹守螺、红树蚬（*Geloina coaxans*）、青蛤（*Cyclina sinensis*）等广温广盐种，且多为主要优势种。在影响林区所获 86 种潮间带动物中，中国鲎被称为"活化石"，属于国家二级保护野生动物，其余物种大多具有食用、药用、补充饲料、自然种苗等经济价值。

7.9.2　群落优势种

以调查断面进行统计，8 个断面大型底栖动物群落优势种合计 17 种，包括甲壳类 7 种，软体类 7 种，多毛类 1 种，星虫类和无针类各 1 种（见表 7-9-1）。甲壳类和软体类各为 6 个、2 个断面的最大优势类群，甲壳类优势地位显著。2 个断面最大优势种的相对重要值超过 50%，多样化程度相对较弱。8 个断面中有 5 个（FC01、FC05、FC06、FC07、FC09）最大优势种均为扁平拟闭口蟹，优势度超过 50%；FC04 最大优势种是拟钩虾（*Gammaropsis* sp.）；FC08、FC10 的是疏纹满月蛤（*Lucina Scarlatoi*）。

以整个影响林区统计，大型底栖动物群落优势种（相对重要值 ≥ 500）仅扁平拟闭口蟹、疏纹满月蛤、红树蚬、石磺（*Onchidium verruculatum*）、长足长方蟹（*Metaplax longipes*）5 种。相对重要值最高的扁平拟闭口蟹虽然个体小，但群聚性强、分布频度高，在每个断面均为优势种。次之的疏纹满月蛤集中在 FC10、FC08 断面，密度分别达 127 ind/m^2、63 ind/m^2，占该种群总密度的 66.8% 和 33.0%。红树蚬一般生长于红树林生境，密度虽不高，但壳厚体重，因此其相对重要值也居前列。此外，聚集性高的还有长足长方蟹、褶痕相手蟹（*Sesarma plicata*）、背蚓虫（*Notomastus latericeus*）、弓形革囊星虫（*Phascolosoma arcuatum*）等，虽不是每个调查断面都采集到，但其分布频度也排前列。

表 7-9-1　影响林区大型底栖动物群落的优势种群空间分布

序号	种类	FC01	FC04	FC05	FC06	FC07	FC08	FC09	FC10	林区相对重要值
1	扁平拟闭口蟹	++	++	+++	++	+++	+++++	+++	++	3163
2	疏纹满月蛤					+	+++++		++++++	1625
3	红树蚬			+		+	+			1183
4	石磺			+			+	+	++	592
5	长足长方蟹	+	+	+	+	+	+			561
6	褶痕相手蟹			+		+		+	+	376

续表

序号	种类	FC01	FC04	FC05	FC06	FC07	FC08	FC09	FC10	林区相对重要值
7	珠带拟蟹守螺		+			++	+		+	360
8	弓形革囊星虫		+		+		+	+	+	301
9	皱纹绿螬		+				+		++++	262
10	弧边招潮		+	+	+					174
11	背蚓虫	+		+	+	+		+	+	162
12	黑口滨螺			+	+		+		+	143
13	拟钩虾		++++	+						127
14	枝吻纽虫	+				+	+		+	123
15	青蛤					+				85
16	日本大眼蟹	+		+						74

注：$1 \sim 10$ ind/m^2，+；$11 \sim 20$ ind/m^2，++；$21 \sim 30$ ind/m^2，+++；$31 \sim 50$ ind/m^2，++++；50 ind/m^2 及以上，+++++。

7.9.3 密度和生物量分布

影响林区大型底栖动物平均密度为 93 ind/m^2，站位间密度差异较大，FC01-2 站位密度最低，仅 13 ind/m^2；FC10-1 站位最高，为 362 ind/m^2。影响林区平均生物量为 79.80 g/m^2，生物量站位波动更大，最低生物量仅 6.71 g/m^2，出现在 FC04-3 站位；最高达 425.20 g/m^2，出现在 FC08-1 站位。影响林区大型底栖动物群落密度和生物量分布见图 7-9-2。

相对而言，FC01、FC04、FC09 这 3 个断面的密度和生物量水平偏低，结合现场环境分析，FC01 断面位于龙门大桥桥墩附近，目前正在建设施工；FC04 断面红树林林带向陆一侧有围塘养殖，向海一侧为蚝柱养殖区域，林内沉积物黏土含量大于 10%；FC09 断面位于"渔光互补"光伏电站北侧，该电站已于 2017 年建设完成并网发电。这 3 个断面潮间带生境条件明显受到人为扰动，生境不稳定容易导致底栖动物群落某些功能群的缺失。

影响林区大型底栖动物中，软体类平均密度最高，为 43 ind/m^2，占 46.0%；甲壳类次之，为 42 ind/m^2，占 44.9%；多毛类为 4 ind/m^2，占 4.7%；其他类群为 1 ind/m^2，占 4.4%。软体类、甲壳类、多毛类和其他类群平均生物量分别为 58.75 g/m^2、15.57 g/m^2、1.02 g/m^2 和 4.46 g/m^2，分别占 73.6%、19.5%、1.3% 和 5.6%。软体类和甲壳类是影响林区的主要生物类群。

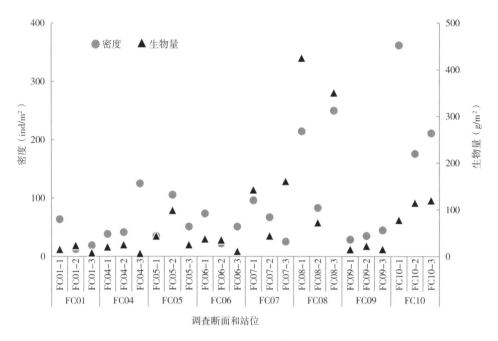

图 7-9-2　影响林区大型底栖动物群落密度、生物量分布

7.9.4　功能群

按动物与生境空间的相对位置和紧密程度来划分，影响林区大型底栖动物可分为底内生活者、匍匐生活者、穴居生活者、附着生活者和底游生活者共 5 类。各空间功能群的密度从高到低排序：穴居生活者（41.7 ind/m²）＝底内生活者（41.7 ind/m²）＞匍匐生活者（9.2 ind/m²）＞底游生活者（0.3 ind/m²）＞附着生活者（0.1 ind/m²），分别占总密度的 44.8%、44.8%、9.9%、0.4% 和 0.1%。不同断面间各功能群密度有差异（见图 7-9-3），总体上穴居生活者为第一优势功能群，在 7 个断面平均密度最高，且在 6 个断面占比超 50%；其次为底内生活者，在 FC10 断面平均密度最高；底游、匍匐和附着功能群的密度均占比不高、不形成优势。

各空间功能群的生物量大小顺序依次为底内生活者（52.08 g/m²）＞穴居生活者（15.57 g/m²）＞匍匐生活者（11.84 g/m²）＞底游生活者（0.27 g/m²）＞附着生活者（0.05 g/m²），分别占总量的 65.3%、19.5%、14.8%、0.3% 和 0.1%。跟密度一样，不同断面间功能群生物量也存在差异（见图 7-9-4），穴居生活者仍为第一优势功能群，在 4 个断面生物量最高，且在 3 个断面占比超 70%；其次为底内生活者，在 3 个断面生物量最高；匍匐生活者在 FC10 断面生物量最高；底游和附着功能群的生物量占比不高，不形成优势。

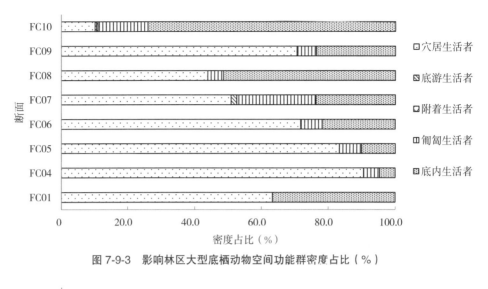

图 7-9-3　影响林区大型底栖动物空间功能群密度占比（%）

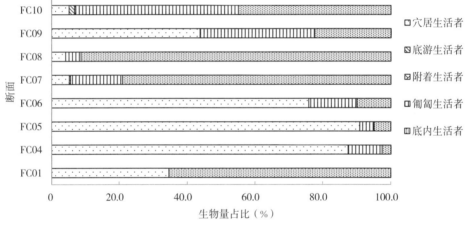

图 7-9-4　影响林区大型底栖动物空间功能群生物量占比

已有研究表明，蟹类的掘穴活动能够有效调节湿地与上覆水层间的水交换，降低红树植物根部土壤盐分的累积，并通过提高间隙水交换，快速去除红树周围的病原菌毒素等。影响林区甲壳动物主要以营穴居生活的蟹类为主，蟹类密度占甲壳类的85.0%，由高比例蟹类组成的大型底栖动物群落对红树林群落健康发育有积极作用。

7.9.5　多样性指数

影响林区物种丰度（S）范围为 3～14 种，多样性指数（H'）范围为 0.950～3.266，丰富度指数（d）范围为 0.586～2.766，均匀度指数（J）范围为 0.395～1，H'、d、J 均值分别为 2.224、1.556、0.791（见图 7-9-5）。主要是影响林区周边局部区域的海岸工程建设、池塘养殖、滩涂养殖等人为干扰较大，导致影响林区物种多样性水平低，种类单一，群落结构稳定性不足。

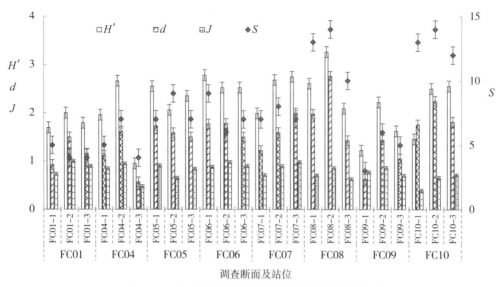

图 7-9-5 影响林区大型底栖动物群落多样性指数分布

根据天津大学《防城港核电厂三期机组温排水数值模拟分析及验证专题（送审稿）》模拟结果，影响林区 FC10 断面处于 2～＜3℃自然温升区，FC04、FC05、FC06 等 3 个断面处于 1～＜2℃自然温升区，划为温升＜1℃、1～＜2℃、2～＜3℃等 3 个等级，沉积物粒径、渗出水 pH 和盐度也各自划为高、中、低 3 个等级；红树林群落类型、断面按实际调查进行划分开展单因素方差分析，分析生境因素梯度之间底栖动物群落参数的差异程度。结果表明影响林区不同温升区之间的底栖动物平均密度、种类数差异极显著（见表 7-9-2），不同红树林群落类型以及断面之间的底栖动物平均密度、平均生物量、物种数、丰富度指数差异极显著（$p < 0.01$），沉积物粒径等级之间的物种数、丰富度指数差异显著（$p < 0.05$）。

表 7-9-2 影响林区大型底栖动物群落参数的单因素方差分析结果

群落参数	温升幅度		沉积物粒径		pH		盐度		断面		群落类型	
	F 值	P 值	F 值	P 值	F 值	P 值	F 值	P 值	F 值	P 值	F 值	P 值
密度	9.63	0.00	2.64	0.10	3.17	0.06	1.48	0.25	6.27	0.00	22.65	0.00
生物量	1.41	0.27	3.33	0.06	0.51	0.61	0.53	0.59	4.88	0.00	7.40	0.00
S	6.21	0.01	4.16	0.03	3.00	0.07	1.21	0.32	18.17	0.00	41.56	0.00
H'	0.08	0.92	3.13	0.07	0.17	0.85	0.63	0.55	1.68	0.18	1.16	0.33
d	1.24	0.31	4.61	0.02	1.00	0.38	0.77	0.47	2.82	0.04	5.45	0.01
J	3.43	0.05	0.79	0.47	2.03	0.16	1.77	0.20	1.51	0.23	3.47	0.05

7.9.6 群落结构分析

将影响林区 8 个断面大型底栖动物群落生物量数据作 4 次方根转换，减少其中个别优势种对整个群落影响的权重进行系统聚类分析、群落的多维尺度序列分析，得到系统聚类树和 MDS 图（见图 7-9-6）。按欧氏距离 70% 主要聚类成由 FC01、FC04、FC05、FC08、FC09 组成的大群，剩下 FC06、FC07、FC10 等 3 个断面游离在外。聚类分析结果表明，沉积物类型、红树群落类型、盐度等自然条件是引起大型底栖生物群落差异存在的主要原因。MDS 分析的结果和聚类分析结果一致，人为扰动大的断面图上群落距离较靠近。

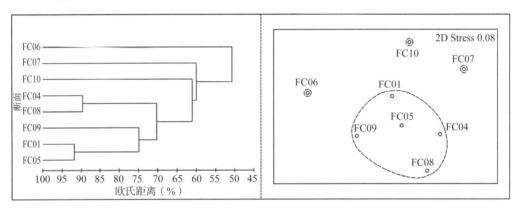

图 7-9-6　影响林区大型底栖动物群落系统聚类（左）及 MDS 分析图（右）

7.9.7 群落参数与环境因素的相关关系

影响林区环境因素与底栖动物群落参数的相关系数表明：沉积物粒径与底栖动物平均密度呈显著的正相关关系（$p = 0.04$），其他生境指标与底栖动物群落参数没有显著相关关系（见表 7-9-3）。可见，水温对底栖动物群落没有显著的影响。

表 7-9-3　影响林区底栖动物群落参数与环境因素的相关性

指标	沉积物粒径		pH		盐度	
	r	p	r	p	r	p
密度	0.722	0.04	− 0.265	0.53	0.528	0.18
生物量	0.216	0.61	− 0.120	0.78	0.029	0.95
S	0.561	0.15	− 0.084	0.84	0.394	0.34
H'	0.34	0.41	0.313	0.45	-0.004	0.99
d	0.382	0.35	0.176	0.68	0.189	0.65
J	-0.190	0.65	0.306	0.64	− 0.372	0.36

7.10　影响林区污损动物状况

在影响林区共发现 13 种污损动物，分别是软体动物门的团聚牡蛎（*Saccostrea glomerata*）、棘刺牡蛎（*Saccostrea echinata*）、褶牡蛎（*Alectryonella plicatula*）、纹斑棱蛤（*Trapezium liratum*）、亚光棱蛤（*Trapezium sublaevigatum*）、黑荞麦蛤（*Xenostrobus atratus*）、难解不等蛤（*Enigmonia aenigmatica*）、萨氏仿贻贝（*Mytilopsis sallei*），节肢动物门的白条地藤壶（*Euraphia withersi*）、潮间藤壶（*Balanus littoralis*）、纹藤壶（*Balanus amphitrite amphitrite*）和网纹藤壶（*Balanus reticulates*），及腔肠动物门的纵条矶海葵（*Haliplanella luciae*）。

在影响林区各站位均发现污损动物附着红树植株。污损动物附着高度、覆盖度变化较大（见表 7-10-1）。从附着高度来看，位于 0.5 ～＜ 1℃ 温升区 FC10 站位白骨壤的污损动物附着最高，附着高度达 120 cm；在 2 ～＜ 3℃ 温升区 FC05 站位的白骨壤植株上未发现有污损动物附着。污损动物附着最大覆盖度（39%）出现在 1 ～＜ 2℃ 温升区的 FC07 站位，平均覆盖度最高值（30%）也出现在 FC07 站位，0.5 ～＜ 1℃ 温升区的 FC10 站位的平均覆盖度与之接近。各温升区比较来看，同一温升区同一树种、同一温升区不同树种或不同温升区同一树种，污损动物附着高度和覆盖均相差较大。

表 7-10-1　影响林区污损动物附着高度及其覆盖度

站位	模拟温升区	树种	附着高度（cm）		覆盖度（%）		
			最大值	平均值	最小值	最大值	平均值
FC08	＜ 0.5℃	白骨壤	79	47	1	7	2
FC09	＜ 0.5℃	桐花树	75	45	7	38	25
FC01	0.5 ～＜ 1℃	桐花树	44	23	0	30	14
FC10	0.5 ～＜ 1℃	白骨壤	120	116	24	35	29
FC04	1 ～＜ 2℃	桐花树	68	61	5	12	9
FC07	1 ～＜ 2℃	桐花树	35	28	21	39	30
FC05	2 ～＜ 3℃	桐花树	88	81	9	19	14
		白骨壤	0	0	0	0	0
		秋茄	59	44	3	6	5
FC06	2 ～＜ 3℃	桐花树	92	63	0	25	9

统计分析结果（见表 7-10-2）表明：温升梯度、树种类型、淹水时长、间隙水盐度、林外滩涂上覆水盐度等因素之间的污损动物附着高度、覆盖度均无显著性差异（$p > 0.05$）。可知，温升对影响林区污损动物群落的影响很小。

表 7-10-2　影响林区污损动物群落参数与环境因素之间的单因素方差分析显著性

影响因素	平均附着高度（cm）	最大附着高度（cm）	覆盖度（%）	最大覆盖度（%）
温升梯度	0.689	0.525	0.381	0.703
树种类型	0.777	0.769	0.238	0.132
淹水时长	0.768	0.889	0.514	0.900
间隙水盐度	0.902	0.698	0.307	0.688
林外滩涂上覆水盐度	0.806	0.826	0.354	0.190

7.11　影响林区虫害状况

在两个林区开展的红树林病虫害调查中，很少发现活体害虫，虫口密度可忽略不计，调查主要针对受害叶片数、叶片受害程度和样地平均受害程度。影响林区各站位虫害指标调查结果见表 7-11-1。由表可知，FC10 站位的受害叶片数量最多、叶片最大受害程度最高，其次是 FC08 站位。而 FC08 站位的样地平均受害程度最大（90%），FC10 站位次之（80%），其余站位的指标显著低于这 2 个站位。按照综合虫害指数，可分为 3 个层次：FC10 和 FC08 站位显著偏高，为第 1 层次；FC07 和 FC09 为第 2 层次；其他 4 个站位是第 3 层次。

从树种受害程度看，影响林区白骨壤平均受害叶片数为 396 片 /m²，叶片平均受害程度为 25%；桐花树平均受害叶片数为 447 片 /m²，叶片平均受害程度为 18%。其中，对比分析受虫害影响较大的 FC08 和 FC10 站位发现，白骨壤受害最严重，叶片平均受害程度分别达到 55% 和 35%。

FC08、FC10 和 FC09 等 3 处虫害较严重的站位，可能受到海岸带植物群落单一及海岸开发建设等因素的综合影响。首先，这 3 个样地植物群落单一化程度很高。FC10 和 FC08 样地的白骨壤种群相对重要值分别达 90.3 和 89.7，群落类型为白骨壤纯林，其余样地群落类型均为共优群落，FC09 样地为白骨壤 + 桐花树的共优群落。通常纯林的抵御虫害能力较弱。其次，可能与海岸开发利用程度有关，FC08 站位距离核电厂区较近，直线距离仅约 500 m；FC10 站位红树林林带狭窄，紧邻滨海公路及跨海桥梁；FC09 站位附近的"渔光互补"光伏电站于 2017 年并网发电，渔业设施集群化。总之，地带性红树林植被单一化严重，抵御虫害能力弱；海岸开发利用建设往往清除天然陆岸植被，或植被人工化、桉树化，导致海岸带生态系统多样性降低，天敌昆虫和食虫鸟种类和密度减少，虫害发生率增高。另外，由于昆虫多有趋光性的特点，海堤道路修建沿线夜晚灯光也在一定程度上扩大了昆虫的传播范围。

表 7-11-1　影响林区红树林病虫害状况

站位	模拟温升区	受害叶片数量（片/m²）	叶片最大受害程度（%）	叶片最小受害程度(%)	叶片平均受害程度（%）	站位平均受害程度（%）	综合受害指数
FC01	0.5 ～< 1℃	226	51	0	8	15	0.17
FC04	1 ～< 2℃	216	75	0	15	16	0.21
FC05	2 ～< 3℃	291	70	0	9	10	0.18
FC06	2 ～< 3℃	203	68	0	9	31	0.22
FC07	1 ～< 2℃	419	41	0	41	26	0.46
FC08	< 0.5℃	421	70	0	33	90	0.61
FC09	< 0.5℃	260	58	0	22	50	0.37
FC10	0.5 ～< 1℃	1088	85	0	33	80	0.79

第八章 参照林区红树林生态及其影响因素状况

8.1 参照林区红树林分布动态变化及其影响因素

8.1.1 区域红树林面积分布变化

根据 2022 年 7 月影像解译结果，金鼓江现状红树林呈湾顶多、湾口少的格局分布（见图 8-1-1），红树林面积 165.64 hm²，斑块数量为 277 个，平均斑块面积为 0.60 hm²。

图 8-1-1　金鼓江海域 2022 年 7 月红树林分布

2007—2022 年金鼓江范围内红树林面积变化表现为以 2019 年为分界线，呈 2019 年前大幅度减少、2019 年后缓慢增加的趋势（见图 8-1-2、表 8-1-1）。2007—2022 年红树林面积共减少了 24.92 hm²，总体变化率为 − 13.08%，年均变化率为 − 0.93%，斑块数量共增加 24 个，平均斑块面积从 0.75 hm² 下降至 0.60 hm²。调查期间发现参照林区内有一定数量面积的人工造林，但考虑到其覆盖度未达到 20%，未达到成林标准，故不计入本次参照林区的调查面积。不同时期面积变化情况见图 8-1-2、表 8-1-1。

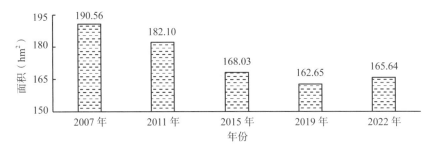

图 8-1-2　2007—2022 年参照林区红树林面积变化

表 8-1-1　2007—2022 年金鼓江范围内红树林面积变化情况

时期	变化量（hm²）	总体变化率（%）	年均变化率（%）
2007—2011 年	−8.46	−4.44	−1.13
2011—2015 年	−14.07	−7.73	−1.99
2015—2019 年	−5.38	−3.20	−0.81
2019—2022 年	2.99	1.84	0.61
2007—2022 年	−24.92	−13.08	−0.93

2007—2022 年，金鼓江范围内填海造地、围海养殖和其他人为活动分别导致红树林面积减少了 13.90 hm²、11.89 hm² 和 6.28 hm²，共 32.07 hm²，是红树林面积大幅缩减的主要原因。同时，红树林自然增长和生态修复工程的实施，使红树林面积增加了 7.15 hm²。各因素导致红树林面积变化量见图 8-1-3。

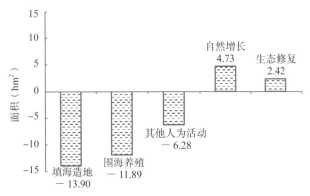

图 8-1-3　2007—2022 年各因素导致红树林面积变化量

2007 年金鼓江红树林面积为 190.56 hm²，至 2011 年，面积减少为 182.10 hm²，共减少了 8.46 hm²。斑块数量减少了 6 个，平均斑块面积减少了 0.01 hm²。2007—2011 年因填海造地、围海养殖和其他人为活动分别导致红树林减少 7.52 hm²、1.19 hm² 和 2.18 hm²，涉及斑块数量分别为 13 个、2 个、4 个。填海造地工程主要分布在金鼓江湾口两侧沿岸。2007—2011 年金鼓江范围内红树林自然增长了 2.43 hm²，主要分布在独山岛附近滩涂。各因素导致红树林面积变化量见图 8-1-4。

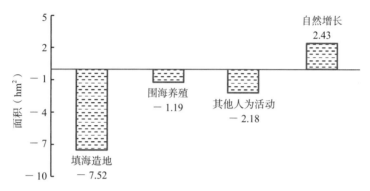

图 8-1-4　2007—2011 年各因素导致红树林面积变化量

2011—2015 年金鼓江范围内红树林面积减少了 14.07 hm²，变化率为 − 7.73%，年均变化率为 − 1.99%。该时期红树林面积变化的主要原因为围海养殖，该因素导致红树林面积减少了 8.31 hm²，有 19 处，主要发生在孔雀湾沿岸滩涂。另外，填海造地和其他人为活动分别导致红树林面积减少了 2.75 hm² 和 3.22 hm²，斑块数量分别为 4 个和 20 个，主要分布在篱竹排岛附近滩涂。该时期红树林面积自然增长了 0.21 hm²。各因素导致红树林面积变化量见图 8-1-5。

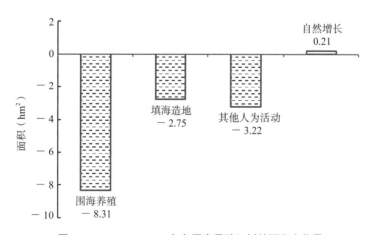

图 8-1-5　2011—2015 年各因素导致红树林面积变化量

2019 年金鼓江范围内红树林面积减少至 162.65 hm²，2015—2019 年红树林面积总体减少了 5.38 hm²，总体变化率为 - 3.20%，年均变化率为 - 0.80%，斑块数量增加了 3 个，平均斑块面积下降了 0.46 hm²。该时期红树林面积因填海造地、围海养殖和其他人为活动分别减少了 3.63 hm²、2.34 hm²、0.72 hm²，变化斑块数量分别为 17 个、10 个、11 个，同时红树林自然增长扩散了 1.31 hm²，有 25 处。2015—2019 年各因素导致的红树林面积变化量见图 8-1-6。

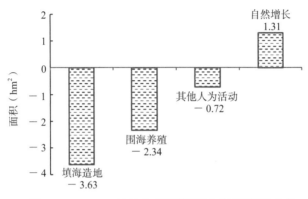

图 8-1-6　2015—2019 年各因素导致红树林面积变化量

2019—2022 年，金鼓江范围内红树林面积总体增加了 2.99 hm²，总体变化率和年均变化率分别为 1.84%、0.61%。红树林斑块数量增加了 10 个，平均斑块面积减少了 0.01 hm²。该时期因人为活动导致红树林减少的面积较小，仅有 6 处。另外，实施生态修复工程使该区域红树林面积有了小幅度增长，涉及 19 个斑块，主要分布在金鼓江大桥东侧潮间带滩涂。各因素导致红树林面积变化量见图 8-1-7。

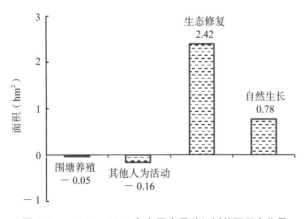

图 8-1-7　2019—2022 年各因素导致红树林面积变化量

8.1.2　各温升区红树林面积分布变化

参照林区各温升区均有红树林分布生长。2007—2022 年，金鼓江海域的红树林共减少了 24.92 hm²，不同时期各个温升区红树林面积变化量、总体变化率、年均变化率情况见表 8-1-2。

2007—2022 年，金鼓江海域温升影响区内外的红树林面积总体上均呈减少的趋势。红树林面积减少主要是由于早期填海造地工程、围海养殖占用红树林，以及其他人为活动如海鸭放养、滩涂贝类养殖、排污口、养殖塘坝、工程建设引起的一些缓发性破坏。

表 8-1-2　不同时期各个温升区红树林面积（hm²）变化情况

时　期		2007—2011 年	2011—2015 年	2015—2019 年	2019—2022 年	2007—2022 年
< 0.5 ℃	变化量	0.00	− 4.64	− 2.43	0.02	− 7.04
	总体变化率	0.00%	− 6.81%	− 3.83%	0.03%	− 10.35%
	年均变化率	0.00%	− 1.75%	− 0.97%	0.01%	− 0.73%
0.5 ～ < 1 ℃	变化量	0.44	− 1.02	− 0.95	0.00	− 1.53
	总体变化率	3.29%	− 7.38%	− 7.42%	0.00%	− 11.43%
	年均变化率	0.81%	− 1.90%	− 1.91%	0.00%	− 0.81%
1 ～ < 2 ℃	变化量	− 0.08	− 3.11	− 0.01	2.31	− 0.89
	总体变化率	− 0.12%	− 4.74%	− 0.02%	3.70%	− 1.35%
	年均变化率	− 0.03%	− 1.21%	0.00%	1.22%	− 0.09%
2 ～ < 3 ℃	变化量	− 5.30	− 2.54	− 2.02	0.43	− 9.44
	总体变化率	− 16.33%	− 9.35%	− 8.20%	1.90%	− 29.05%
	年均变化率	− 4.36%	− 2.42%	− 2.12%	0.63%	− 2.62%

续表

时　　期	2007—2011 年	2011—2015 年	2015—2019 年	2019—2022 年	2007—2022 年
3 ～< 4 ℃　变化量	− 3.52	− 2.76	0.03	0.23	− 6.02
总体变化率	− 32.30%	− 37.40%	0.60%	4.90%	− 55.20%
年均变化率	− 8.10%	− 9.30%	0.20%	1.60%	− 5.22%

　　红树林面积增加的主要因素是生态修复，少量属自然增长。2020 年蓝色海湾工程规划在孔雀湾海域人工造林 51.54 hm²，已基本完成初次种植，造林树种基本为秋茄。所有温升区红树林均发生不同程度的自然扩散（见图 8-1-8），0.5 ～< 1 ℃温升区自然增长的红树林面积最大，为 2.18 hm²；< 0.5 ℃范围自然增长的红树林面积最小，仅有 0.06 hm²。金鼓江两岸发展不平衡，历史上填海造地始于南部，后陆续向北发展；南部海域主航道持续疏浚，使得除淡水湾（QZ12 和 QZ13 站位，1 ～< 2 ℃温升区）外，适合红树林生长的潮间带滩涂极度缺乏，2 ～< 3 ℃、3 ～< 4 ℃温升区红树林自然扩展的空间相对有限。

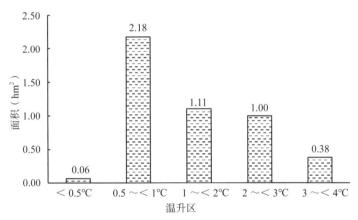

图 8-1-8　2007—2022 年参照林区不同温升区自然增长红树林面积比较

8.1.3　各样地典型斑块红树林面积分布变化

　　本研究在参照林区所有样地中选择 2007 年时较为完整的 1 ～ 4 个红树林斑块作为典型斑块，分析 2007—2022 年间红树林面积变化情况及其影响因素。

8.1.3.1 QZ01 样地

QZ01 样地在马莱大桥桥底东南方向，属 < 0.5 ℃温升区，区域红树植物主要有桐花树、白骨壤和秋茄，群落类型为桐花树群落。在该样地选择了 4 个红树林斑块作为典型斑块进行分析，2007 年、2011 年、2015 年 3 个时相中，红树林面积基本无变化，均为 0.08 hm²；2019 年和 2022 年面积均为 0.06 hm²，缩减了 0.02 hm²（见图 8-1-9）。根据遥感影像判断，2007—2015 年该样地保持相对稳定状态，林区周边没有填海造地工程、围海养殖等影响；2019 年因填海造地工程和马莱大桥建设，红树林面积减少了 0.02 hm²。该样地周边海域正在实施钦州市蓝色海湾工程，人工种植的红树林幼苗长势良好，但覆盖度未达到 20%，不计入有林面积。

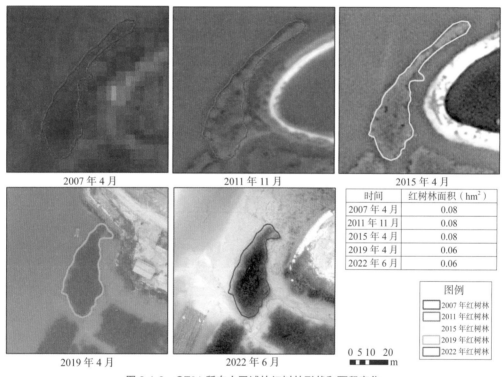

时间	红树林面积（hm²）
2007 年 4 月	0.08
2011 年 11 月	0.08
2015 年 4 月	0.08
2019 年 4 月	0.06
2022 年 6 月	0.06

图例
2007 年红树林
2011 年红树林
2015 年红树林
2019 年红树林
2022 年红树林

图 8-1-9 QZ01 所在小区域的红树林形状和面积变化

8.1.3.2 QZ02 样地

QZ02 样地在马莱大桥桥底西南方向，属 < 0.5 ℃温升区，区域红树植物有桐花树、白骨壤和秋茄，群落类型为桐花树群落。在该样地选择了 4 个红树林斑块作为典型斑块进行分析，2007 年、2011 年、2015 年面积均为 1.55 hm²，2019 年缩减至 1.08 hm²，2019—2022 年面积增加了 0.01 hm²（见图 8-1-10）。遥感影像显示，2007—2015 年该样地保持相对稳定状态，周边地区没有填海造地工程、围海养殖等影

响；2019 年因填海造地工程和马莱大桥建设施工影响，红树林面积减少了 0.47 hm^2。该区域为 2020 年钦州市蓝色海湾工程整治区域，项目内容包括红树林修复与岸线生态化。在现场调查发现，项目开展了红树林造林，但绝大部分未成林。在桥底附近有一新增自然增长的红树林斑块，面积约为 0.01 hm^2。

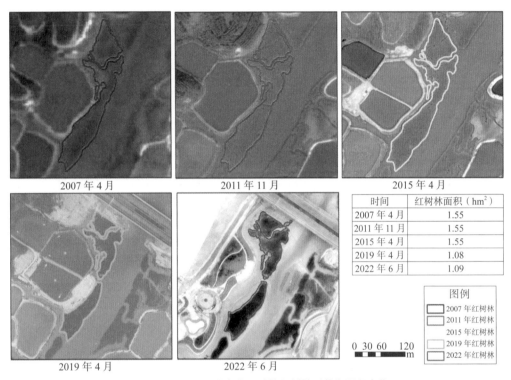

时间	红树林面积（hm^2）
2007 年 4 月	1.55
2011 年 11 月	1.55
2015 年 4 月	1.55
2019 年 4 月	1.08
2022 年 6 月	1.09

图 8-1-10　QZ02 所在小区域的红树林形状和面积变化

8.1.3.3　QZ03 样地

QZ03 样地位于孔雀湾中段，属 0.5～＜1 ℃温升区，区域红树植物有桐花树、白骨壤、秋茄和海漆，群落类型为桐花树群落。在该样地选择了 1 个红树林斑块作为典型斑块进行分析，2007 年和 2011 年该斑块面积均为 1.42 hm^2，2015 年减少至 1.33 hm^2，此后一直保持在 1.33 hm^2（见图 8-1-11）。对比 2011 年和 2015 年发现，该斑块南侧的部分红树林转换为裸滩，被冲刷形成了潮沟，宽约 20 m。现场调查发现潮沟向陆一侧有虾塘排水口，初步判断为虾塘排水冲刷滩涂导致红树林损失。

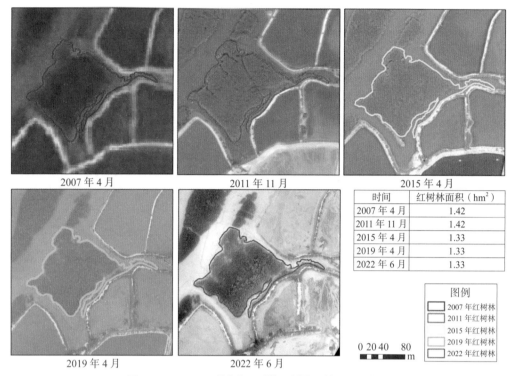

时间	红树林面积（hm²）
2007 年 4 月	1.42
2011 年 11 月	1.42
2015 年 4 月	1.33
2019 年 4 月	1.33
2022 年 6 月	1.33

图例
☐ 2007 年红树林
☐ 2011 年红树林
☐ 2015 年红树林
☐ 2019 年红树林
☐ 2022 年红树林

图 8-1-11　QZ03 所在小区域的红树林形状和面积变化

8.1.3.4　QZ04 样地

QZ04 样地位于孔雀湾中段，属 0.5 ～＜ 1 ℃温升区，区域红树植物有桐花树、白骨壤、秋茄，群落类型为桐花树群落。在该样地选择了 1 个红树林斑块作为典型斑块进行分析，2007—2022 年该斑块红树林面积保持在 0.34 hm²，未发生变化（见图 8-1-12）。但现场调查发现，该斑块向海林带外侧滩涂分布有很多蚝柱，限制了红树林自然扩散。

8.1.3.5　QZ05 样地

QZ05 样地位于孔雀湾汊口，属 1 ～＜ 2 ℃温升区，区域红树植物有桐花树、白骨壤、秋茄，群落类型为桐花树群落。在该样地选择了 1 个红树林斑块作为典型斑块进行分析，发现 2007—2022 年该斑块面积保持在 1.27 hm²，未发生变化（见图 8-1-13）。

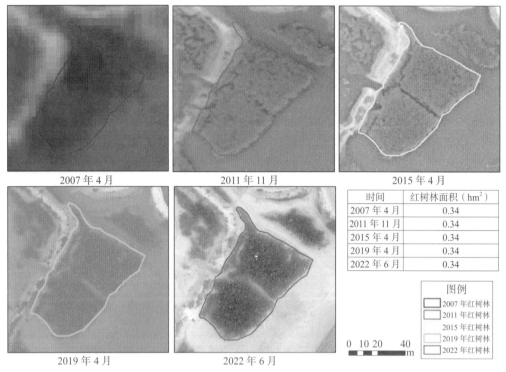

图 8-1-12　QZ04 所在小区域的红树林形状和面积变化

时间	红树林面积（hm²）
2007 年 4 月	0.34
2011 年 11 月	0.34
2015 年 4 月	0.34
2019 年 4 月	0.34
2022 年 6 月	0.34

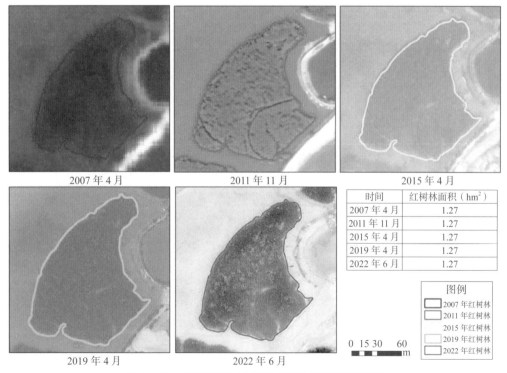

图 8-1-13　QZ05 所在小区域的红树林形状和面积变化

时间	红树林面积（hm²）
2007 年 4 月	1.27
2011 年 11 月	1.27
2015 年 4 月	1.27
2019 年 4 月	1.27
2022 年 6 月	1.27

8.1.3.6　QZ06、QZ07 样地

QZ06、QZ07 样地位于篱竹排岛东南侧，属 2 ～＜ 3 ℃温升区，区域红树植物有桐花树、白骨壤、秋茄，群落类型为桐花树 – 白骨壤、桐花树 + 秋茄 + 白骨壤群落。2007 年该样地的典型斑块为 4 个，面积为 7.56 hm²。近 15 年来，典型斑块面积呈现出先减少后增加的趋势。2007—2015 年，受周边填海造地工程建设影响，QZ06、QZ07 样地红树林典型斑块面积共减少了 2.83 hm²，其后 2015—2022 年红树林自然恢复和增长，面积增加了 0.4 hm²（见图 8-1-14）。

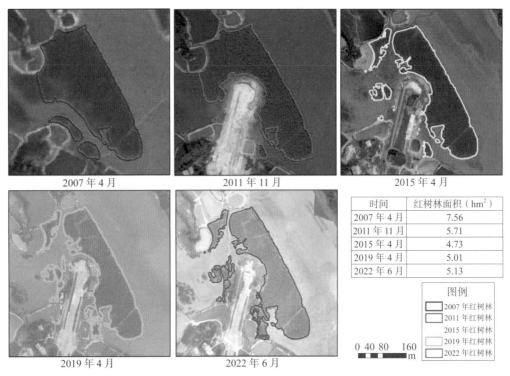

时间	红树林面积（hm²）
2007 年 4 月	7.56
2011 年 11 月	5.71
2015 年 4 月	4.73
2019 年 4 月	5.01
2022 年 6 月	5.13

图例
2007 年红树林
2011 年红树林
2015 年红树林
2019 年红树林
2022 年红树林

0 40 80　160
m

图 8-1-14　QZ06、QZ07 所在小区域的红树林面积形状和变化

8.1.3.7　QZ08 样地

QZ08 样地位于篱竹排岛东南侧小海湾内，属 2 ～＜ 3 ℃温升区，区域红树植物有桐花树、白骨壤、秋茄，群落类型为桐花树群落。2007 年该样地的典型斑块为 2 个，面积为 1.61 hm²；至 2011 年未发生明显变化；2011—2019 年，典型斑块破碎化，面积大幅减少，共减少 1.05 hm²；2019—2022 年面积小幅增长，增加至 0.79 hm²（见图 8-1-15）。历史遥感影像显示，该样地东侧在 2007—2015 年间实施了一项填海造地工程，且在现场调查时发现，该样地周边滩涂有大量放养的海鸭，红树林转换成的裸滩内有村民养殖的贝类、拦网和蚝柱堆。初步判断该区域红树林大面积减少的原因主要是滩涂渔业和海鸭放养。

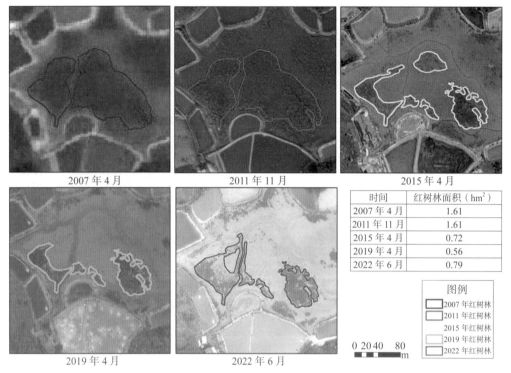

时间	红树林面积（hm²）
2007 年 4 月	1.61
2011 年 11 月	1.61
2015 年 4 月	0.72
2019 年 4 月	0.56
2022 年 6 月	0.79

图例
2007 红树林
2011 红树林
2015 红树林
2019 红树林
2022 红树林

0 20 40   80
m

图 8-1-15　QZ08 所在小区域的红树林形状和面积变化

8.1.3.8　QZ09、QZ10、QZ11 样地

QZ09、QZ10、QZ11 样地位于天堂村附近海域，属 3 ～< 4 ℃温升区，区域红树植物有桐花树、白骨壤、秋茄、海漆，群落类型为白骨壤群落、白骨壤 – 桐花树群落。在该样地选择了 1 个红树林斑块作为典型斑块进行分析，该斑块 2007—2011 年面积保持在 3.80 hm²，未发生变化；2011—2015 年在向海林带边缘丧失少量林分，共减少了 0.05 hm²；2015—2022 年该斑块面积有所增加，共增加了 0.25 hm²；2007—2022 年该斑块面积总体增加了 0.20 hm²（见图 8-1-16）。这在一定程度上说明了 3 ～< 4 ℃温升不会限制红树林扩展。

8.1.3.9　QZ12、QZ13 样地

QZ12、QZ13 样地位于金鼓村滨海公路旁的淡水湾海域，属 1 ～< 2 ℃温升区，区域红树植物有桐花树、白骨壤、秋茄，群落类型为桐花树 + 秋茄群落、白骨壤 – 桐花树群落。2007 年该样地的典型斑块为 3 个，面积为 1.90 hm²。2011 年、2015 年、2019 年和 2022 年红树林面积分别为 2.15 hm²、2.36 hm²、2.62 hm² 和 2.92 hm²（见图8-1-17），呈持续缓慢增长态势，年均增长率为2.91%。该样地林外滩涂开展了生态修复，造林树种为白骨壤和桐花树，目前长势良好。这在一定程度上说明了 1 ～< 2℃温升不会限制红树林扩展。

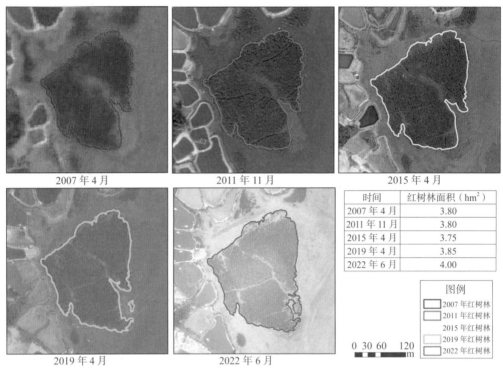

时间	红树林面积（hm²）
2007 年 4 月	3.80
2011 年 11 月	3.80
2015 年 4 月	3.75
2019 年 4 月	3.85
2022 年 6 月	4.00

图例
- 2007 年红树林
- 2011 年红树林
- 2015 年红树林
- 2019 年红树林
- 2022 年红树林

0 30 60   120
m

图 8-1-16 QZ09、QZ10、QZ11 所在小区域的红树林形状和面积变化

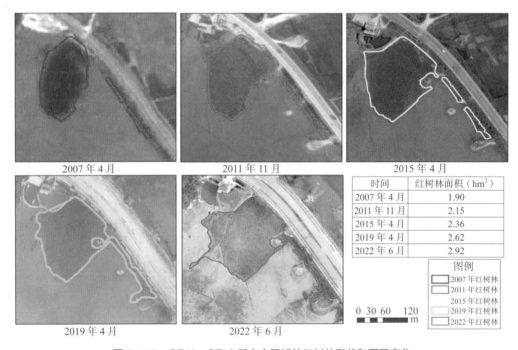

时间	红树林面积（hm²）
2007 年 4 月	1.90
2011 年 11 月	2.15
2015 年 4 月	2.36
2019 年 4 月	2.62
2022 年 6 月	2.92

图例
- 2007 年红树林
- 2011 年红树林
- 2015 年红树林
- 2019 年红树林
- 2022 年红树林

0 30 60   120
m

图 8-1-17 QZ12、QZ13 所在小区域的红树林形状和面积变化

8.2 参照林区红树林群落结构

8.2.1 群落重要值及群落类型

参照林区的样方群落中红树植物种类与影响林区相同，主要生长有桐花树、白骨壤和秋茄等 3 种红树植物。依据种群重要值及总特征，参照林区群落类型划分为桐花树群落、白骨壤群落、白骨壤 – 桐花树群落、桐花树 + 秋茄 + 白骨壤群落、桐花树 + 秋茄群落 5 个类型。各温升区调查样方群落学特征见表 8-2-1。

表 8-2-1　参照林区调查样方红树林群落特征、相对重要值及群落类型

样方编号	物种	密度（株/100 m²）	最大株高（cm）	平均株高（cm）	平均基径（cm）	平均胸径（cm）	平均冠幅乘积（m²）	种群盖度（%）	相对密度（%）	相对频度（%）	相对盖度（%）	相对重要值（Ⅳ）	群落类型
QZ01	桐花树	135	380	256	6.8	2.4	2.62	81	98.5	98.4	94.9	97.3	桐花树
	白骨壤	1	300	300	14.0	9.2	14.00	3	0.7	0.4	3.8	1.6	
	秋茄	1	260	260	6.8	2.9	5.00	1	0.7	1.2	1.3	1.1	
QZ02	桐花树	137	243	228	12.9	1.5	1.68	85	100.0	100.0	100.0	100.0	桐花树
QZ03	桐花树	178	330	278	9.0	3.6	2.38	80	100.0	100.0	100.0	100.0	桐花树
QZ04	桐花树	171	310	247	7.1	2.3	2.07	71	93.4	97.2	88.5	93.1	桐花树
	秋茄	12	325	299	9.2	5.5	3.83	9	6.6	2.8	11.5	6.9	

续表

样方编号	物种	密度（株/100 m²）	最大株高（cm）	平均株高（cm）	平均基径（cm）	平均胸径（cm）	平均冠幅乘积（m²）	种群盖度（%）	相对密度（%）	相对频度（%）	相对盖度（%）	相对重要值（Ⅳ）	群落类型
QZ05	桐花树	113	310	231	7.9	2.8	2.35	70	96.6	97.1	87.8	93.8	桐花树
	白骨壤	2	400	375	21.3	10.3	9.28	5	1.7	0.6	6.1	2.8	
	秋茄	2	340	320	9.3	5.9	9.15	5	1.7	2.3	6.1	3.4	
QZ06	桐花树	58	290	230	6.5	2.2	1.79	24	63.0	71.4	29.0	54.5	白骨壤－桐花树
	白骨壤	33	505	339	8.6	6.2	7.54	57	35.9	24.7	69.5	43.4	
	秋茄	1	270	270	4.7	2.9	5.25	1	1.1	3.9	1.5	2.1	
QZ07	桐花树	61	270	207	5.3	1.9	0.98	22	77.2	72.4	25.4	58.3	桐花树＋秋茄＋白骨壤
	白骨壤	4	370	333	21.3	11.8	22.84	33	5.1	2.8	38.9	15.6	
	秋茄	14	250	227	5.7	3.6	6.00	30	17.7	24.8	35.7	26.1	
QZ09	桐花树	6	230	195	5.4	1.9	0.77	1	7.5	6.9	1.5	5.3	白骨壤
	白骨壤	74	460	340	8.0	5.1	4.22	79	92.5	93.1	98.5	94.7	

续表

样方编号	物种	密度（株/100 m²）	最大株高（cm）	平均株高（cm）	平均基径（cm）	平均胸径（cm）	平均冠幅乘积（m²）	种群盖度（%）	相对密度（%）	相对频度（%）	相对盖度（%）	相对重要值（IV）	群落类型
QZ10	桐花树	126	320	213	5.4	2.0	0.66	33	86.9	89.1	37.5	71.2	白骨壤－桐花树
	白骨壤	19	540	377	14.4	6.5	7.31	54	13.1	10.9	62.5	28.8	
QZ11	桐花树	91	280	200	5.3	1.7	1.41	34	84.3	91.5	40.3	72.0	白骨壤－桐花树
	白骨壤	16	450	329	12.8	6.2	11.31	48	14.8	8.0	56.8	26.6	
	秋茄	1	280	280	14.6	3.9	9.30	2	0.9	0.5	2.9	1.4	
QZ12	桐花树	158	230	191	3.9	1.8	0.86	58	80.6	89.8	60.6	77.0	桐花树＋秋茄
	秋茄	38	240	218	7.0	3.1	2.32	38	19.4	10.2	39.4	23.0	
QZ13	桐花树	157	400	224	4.7	2.1	1.22	39	85.3	94.5	44.7	74.8	白骨壤－桐花树
	白骨壤	14	500	374	11.8	6.4	15.85	45	7.6	3.2	51.8	20.9	
	秋茄	13	420	298	6.1	2.8	1.17	3	7.1	2.3	3.5	4.3	

8.2.1.1 ＜0.5℃温升区群落特征

（1）QZ01 样方。

QZ01 样方中有桐花树、白骨壤和秋茄共 3 种红树植物。桐花树的相对重要值为 97.3，为该群落的优势种；白骨壤和秋茄的相对重要值分别为 1.6、1.1。群落名称为桐花树群落。

样地沉积物渗出水盐度为 8.843，群落总盖度为 85%，其中桐花树的盖度为 81%，白骨壤的盖度为 3%，秋茄的盖度为 1%。群落密度为 137 株 /100 m²，其中桐花树 135 株 /100 m²，白骨壤 1 株 /100 m²，秋茄 1 株 /100 m²。桐花树最大株高 380 cm，平均株高 256 cm，平均基径 6.8 cm，平均胸径 2.4 cm，平均冠幅乘积 2.62 m²。白骨壤株高 300 cm，基径 14.0 cm，胸径 9.2 cm，冠幅乘积 14.00 m²。秋茄株高 260 cm，基径 6.8 cm，胸径 2.9 cm，冠幅乘积 5.00 m²。

（2）QZ02 样方。

QZ02 样方中仅有桐花树 1 种红树植物，群落名称为桐花树群落。

样地沉积物渗出水盐度为 9.504，群落总盖度为 85%。群落密度为 137 株 /100 m²，最大株高 243 cm，平均株高 228 cm，平均基径 12.9 cm，平均胸径 1.5 cm，平均冠幅乘积 1.68 m²。

8.2.1.2 0.5～＜1℃温升区群落特征

（1）QZ03 样方。

QZ03 样方中仅有桐花树 1 种红树植物，群落名称为桐花树群落。

样地沉积物渗出水盐度为 11.987，群落总盖度为 80%。群落密度为 178 株 /100 m²，最大株高 330 cm，平均株高 278 cm，平均基径 9.0 cm，平均胸径 3.6 cm，平均冠幅乘积 2.38m²。

（2）QZ04 样方。

QZ04 样方中有桐花树和秋茄共 2 种红树植物。桐花树的相对重要值为 93.1，为该群落的优势种；秋茄的相对重要值为 6.9。群落名称为桐花树群落。

样地沉积物渗出水盐度为 13.381，群落总盖度为 80%，其中桐花树的盖度为 71%，秋茄的盖度为 9%。群落密度为 183 株 /100 m²，其中桐花树 171 株 /100 m²，秋茄 12 株 /100 m²。桐花树最大株高 310 cm，平均株高 247 cm，平均基径 7.1 cm，平均胸径 2.3 cm，平均冠幅乘积 2.07 m²。秋茄最大株高 325 cm，平均株高 299 cm，平均基径 9.2 cm，平均胸径 5.5 cm，平均冠幅乘积 3.83 m²。

8.2.1.3 1～＜2℃温升区群落特征

（1）QZ05 样方。

QZ05 样方中有桐花树、白骨壤和秋茄共 3 种红树植物。桐花树的相对重要值为 93.8，为该群落的绝对优势种；白骨壤和秋茄的相对重要值分别为 2.8 和 3.4。群落名称为桐花树群落。

样地沉积物渗出水盐度为 12.856，群落总盖度为 80%，其中桐花树的盖度为 70%，白骨壤的盖度为 5%，秋茄的盖度为 5%。群落密度为 117 株 /100 m²，其中桐花树 113 株 /100 m²，白骨壤 2 株 /100 m²，秋茄 2 株 /100 m²。桐花树最大株高 310 cm，平均株高 231 cm，平均基径 7.9 cm，平均胸径 2.8 cm，平均冠幅乘积 2.35 m²。白骨壤最大株高 400 cm，平均株高 375 cm，平均基径 21.3 cm，平均胸径 10.3 cm，平均冠幅乘积 9.28 m²。秋茄最大株高 340 cm，平均株高 320 cm，平均基径 9.3 cm，平均胸径 5.9 cm，平均冠幅乘积 9.15 m²。

（2）QZ12 样方。

QZ12 样方中有桐花树和秋茄共 2 种红树植物。桐花树的相对重要值为 77.0，为该群落的主要优势种；秋茄的相对重要值为 23.0，为该群落的共优种。群落名称为桐花树＋秋茄群落。

样地沉积物渗出水盐度为 13.041，群落总盖度为 96%，其中桐花树的盖度为 58%，秋茄的盖度为 38%。群落密度为 196 株 /100 m²，其中桐花树 158 株 /100 m²，秋茄 38 株 /100 m²。桐花树最大株高 230 cm，平均株高 191 cm，平均基径 3.9 cm，平均胸径 1.8 cm，平均冠幅乘积 0.86 m²。秋茄最大株高 240 cm，平均株高 218 cm，平均基径 7.0 cm，平均胸径 3.1 cm，平均冠幅乘积 2.32 m²。

（3）QZ13 样方。

QZ13 样方中有桐花树、白骨壤和秋茄共 3 种红树植物。桐花树的相对重要值为 74.8，为该群落的主要优势种；白骨壤的相对重要值为 20.9，为该群落的共优种；秋茄的相对重要值为 4.3。群落明显分为 2 层，名称为白骨壤 – 桐花树群落。

样地沉积物渗出水盐度为 13.156，群落总盖度为 87%，其中桐花树的盖度为 39%，白骨壤的盖度为 45%，秋茄的盖度为 3%。群落密度为 184 株 /100 m²，其中桐花树 157 株 /100 m²，白骨壤 14 株 /100 m²，秋茄 13 株 /100 m²。桐花树最大株高 400 cm，平均株高 224 cm，平均基径 4.7 cm，平均胸径 2.1 cm，平均冠幅乘积 1.22 m²。白骨壤最大株高 500 cm，平均株高 374 cm，平均基径 11.8 cm，平均胸径 6.4 cm，平均冠幅乘积 15.85 m²。秋茄最大株高 420 cm，平均株高 298 cm，平均基径 6.1 cm，平均胸径 2.8 cm，平均冠幅乘积 1.17 m²。

8.2.1.4　2～＜3℃温升区群落特征

（1）QZ06 样方。

QZ06 样方中有桐花树、白骨壤和秋茄共 3 种红树植物。桐花树的相对重要值为 54.5，为该群落的主要优势种；白骨壤的相对重要值为 43.4，为该群落的共优种；秋茄的相对重要值为 2.1。群落明显分为 2 层，名称为白骨壤 – 桐花树群落。

样地沉积物渗出水盐度为 15.715，群落总盖度为 82%，其中桐花树的盖度为 24%，白骨壤的盖度为 57%，秋茄的盖度为 1%。群落密度为 92 株 /100m²，其中桐花树 58 株 /100 m²，白骨壤 33 株 /100 m²，秋茄 1 株 /100 m²。桐花树最大株高 290 cm，平均株高 230 cm，平均基径 6.5 cm，平均胸径 2.2 cm，平均冠幅乘积 1.79 m²。白骨壤最大株高 505 cm，平均株高 339 cm，平均基径 8.6 cm，平均胸径 6.2 cm，平均冠幅乘积 7.54 m²。秋茄株高 270 cm，基径 4.7 cm，胸径 2.9 cm，冠幅乘积 5.25 m²。

（2）QZ07 样方。

QZ07 样方中有桐花树、白骨壤和秋茄共 3 种红树植物。桐花树的相对重要值为 58.3，为该群落的主要优势种；白骨壤和秋茄的相对重要值分别为 15.6 和 26.1，为该群落的共优种。群落名称为桐花树 + 秋茄 + 白骨壤群落。

样地沉积物渗出水盐度为 15.974，群落总盖度为 85%，其中桐花树的盖度为 22%，白骨壤的盖度为 33%，秋茄的盖度为 30%。群落密度为 79 株 /100 m²，其中桐花树 61 株 /100 m²，白骨壤 4 株 /100 m²，秋茄 14 株 /100 m²。桐花树最大株高 270 cm，平均株高 207 cm，平均基径 5.3 cm，平均胸径 1.9 cm，平均冠幅乘积 0.98 m²。白骨壤最大株高 370 cm，平均株高 333 cm，平均基径 21.3 cm，平均胸径 11.8 cm，平均冠幅乘积 22.84 m²。秋茄最大株高 250 cm，平均株高 227 cm，平均基径 5.7 cm，平均胸径 3.6 cm，平均冠幅乘积 6.00 m²。

8.2.1.5　3～＜4℃温升区群落特征

（1）QZ09 样方。

QZ09 样方中有白骨壤和桐花树共 2 种红树植物。白骨壤的相对重要值为 94.7，为该群落的优势种；桐花树的相对重要值为 5.3。群落名称为白骨壤群落。

样地沉积物渗出水盐度为 14.405，群落总盖度为 80%，其中白骨壤的盖度为 79%，桐花树的盖度为 1%。群落密度为 80 株 /100 m²，其中白骨壤 74 株 /100 m²，桐花树 6 株 /100 m²。白骨壤最大株高 460 cm，平均株高 340 cm，平均基径 8.0 cm，平均胸径 5.1 cm，平均冠幅乘积 4.22 m²。桐花树最大株高 230 cm，平均株高 195 cm，平均基径 5.4 cm，平均胸径 1.9 cm，平均冠幅乘积 0.77 m²。

（2）QZ10 样方。

QZ10 样方中有桐花树和白骨壤共 2 种红树植物。桐花树的相对重要值为 71.2，为该群落的主要优势种；白骨壤的相对重要值为 28.8，为该群落的共优种。群落明显分 2 层，白骨壤位于上层。群落名称为白骨壤 – 桐花树群落。

样地沉积物渗出水盐度为 9.691，群落总盖度为 87%，其中桐花树的盖度为 33%，白骨壤的盖度为 54%。群落密度为 145 株 /100 m²，其中桐花树 126 株 /100 m²，白骨壤 19 株 /100 m²。桐花树最大株高 320 cm，平均株高 213 cm，平均基径 5.4 cm，平均胸径 2.0 cm，平均冠幅乘积 0.66 m²。白骨壤最大株高 540 cm，平均株高 377 cm，平均基径 14.4 cm，平均胸径 6.5 cm，平均冠幅乘积 7.31 m²。

（3）QZ11 样方。

QZ11 样方中有桐花树、白骨壤和秋茄共 3 种红树植物。桐花树的相对重要值为 72.0，为该群落的主要优势种；白骨壤的相对重要值为 26.6，为该群落的共优种；秋茄的相对重要值为 1.4。群落明显分为 2 层，白骨壤位于上层。群落名称为白骨壤 – 桐花树群落。

样地沉积物渗出水盐度为 9.906，群落总盖度为 84%，其中桐花树的盖度为 34%，白骨壤的盖度为 48%，秋茄的盖度为 2%。群落密度为 108 株 /100 m²，其中桐花树 91 株 /100 m²，白骨壤 16 株 /100 m²，秋茄 1 株 /100 m²。桐花树最大株高 280 cm，平均株高 200 cm，平均基径 5.3 cm，平均胸径 1.7 cm，平均冠幅乘积 1.41 m²。白骨壤最大株高 450 cm，平均株高 329 cm，平均基径 12.8 cm，平均胸径 6.2 cm，平均冠幅乘积 11.31 m²。秋茄株高 280 cm，基径 14.6 cm，胸径 3.9 cm，冠幅乘积 9.30 m²。

单因素方差分析显示，不同 pH、盐度、沉积物粒径、温升梯度之间的白骨壤种群密度、平均株高、平均基径、平均胸径和平均冠幅乘积等数量特征均无显著性差异（$0.080 \leqslant p \leqslant 0.968$）。各因素梯度之间秋茄种群的数量特征也无显著性差异（$0.058 \leqslant p \leqslant 0.828$）。除不同盐度、温升梯度之间的桐花树种群密度有显著性差异外（$0.005 \leqslant p \leqslant 0.049$），pH、粒径梯度之间的桐花树种群数量特征均无显著性差异（$0.050 \leqslant p \leqslant 0.947$）。

8.2.2　群落多样性指数

根据群落调查样方数据，计算得出参照林区各样地植物群落的 Simpson 指数（D）在 0.000 ～ 0.474，Shannon-Wiener 多样性指数（H'）在 0.000 ～ 1.021，种间相遇概率指数（PIE）在 1.000 ～ 1.919，Pielou 均匀度指数（J）在 0.079 ～ 0.710（见表 8-2-2）。总体来看，参照林区的群落多样性指数较低，主要原因是普遍性的树种单一。

表 8-2-2　参照林区红树群落生物多样性指数

样方编号	D	H'	PIE	J
QZ01	0.029	0.125	1.030	0.079
QZ02	0.000	0.000	1.000	/
QZ03	0.000	0.000	1.000	/
QZ04	0.123	0.349	1.141	0.349
QZ05	0.067	0.249	1.072	0.157
QZ06	0.474	1.021	1.919	0.644
QZ07	0.370	0.948	1.599	0.598
QZ09	0.139	0.384	1.163	0.384
QZ10	0.258	0.692	1.351	0.437
QZ11	0.268	0.679	1.371	0.428
QZ12	0.313	0.710	1.458	0.710
QZ13	0.261	0.748	1.356	0.472
最小值	0.000	0.000	1.000	0.079
最大值	0.474	1.021	1.919	0.710

8.2.3　群落更新层特征

参照林区的 12 个群落调查样方各更新层状况差异较大（见图 8-2-1 和图 8-2-2，

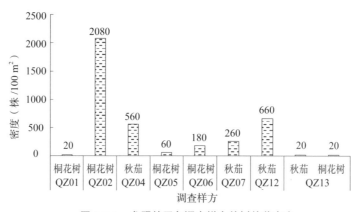

图 8-2-1　参照林区各调查样方幼树幼苗密度

8.9.4 空间功能群

参照林区大型底栖动物可分为底内生活者、匍匐生活者、穴居生活者和底游生活者共四类（见图8-9-3）。各空间功能群的平均密度从高到低依次为穴居生活者（45 ind/m²）＞底内生活者（30 ind/m²）＞匍匐生活者（3 ind/m²）＞底游生活者（0 ind/m²），分别占总密度的57.7%、38.5%、3.8%和0.0%。不同温升区内各功能群密度有差异，总体上穴居生活者为第一优势功能群，平均密度最高；其次为底内生活者；底游和匍匐功能群的密度均占比不高，不形成优势。按温升区，1～＜2℃和3～＜4℃温升区的穴居生活者密度低于其他区的，人为活动干扰因素应该是最直接原因。

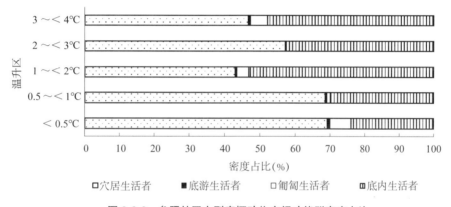

图8-9-3 参照林区大型底栖动物空间功能群密度占比

各空间功能群的平均生物量大小顺序依次为底内生活者（29.64 g/m²）＞穴居生活者（10.69 g/m²）＞匍匐生活者（1.31 g/m²）＞底游生活者（0.06 g/m²），分别占总量的71.1%、25.6%、3.1%和0.2%。不同温升区内各功能群生物量也存在差异，总体上底内生活者的平均生物量最高，穴居生活者次之，底游和匍匐功能群生物量不高，呈低水平的波动（见图8-9-4）。

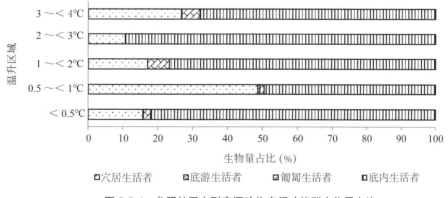

图8-9-4 参照林区大型底栖动物空间功能群生物量占比

统计分析结果表明，大型底栖动物各空间功能群的密度和生物量均无显著差异（$p > 0.05$）。

8.9.5 多样性指数

参照林区物种数（S）范围为 5 ～ 23 种，多样性指数（H'）范围为 1.663 ～ 3.606，丰富度指数（d）范围为 0.829 ～ 3.931，均匀度指数（J）范围为 0.577 ～ 0.938，4 类指数均值分别为 14、2.702、2.944、0.757（见图 8-9-5）。就单个样方而言，样方 QZ13 的各项生物多样性指数值最低，主要是不同物种的密度差异较大所导致，仅有少数种类能在红树林湿地繁盛。

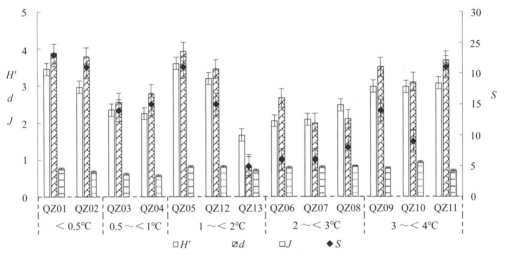

图 8-9-5　大型底栖动物群落多样性指数分布

单因素方差分析结果（见表 8-9-3）表明，参照林区除沉积物粒径等级之间动物密度差异极显著（$p < 0.01$）外，其他 5 类生境因素等级之间的底栖动物群落参数的差异不显著（$p > 0.05$）。

表 8-9-3　参照林区底栖动物群落参数单因素方差分析结果

群落参数	温升幅度		沉积物粒径		pH		盐度		断面		群落类型	
	F 值	P 值	F 值	P 值	F 值	P 值	F 值	P 值	F 值	P 值	F 值	P 值
密度	2.76	0.06	14.08	0.00	0.06	0.94	1.56	0.23	2.54	0.07	0.98	0.39
生物量	1.23	0.33	0.94	0.41	0.58	0.57	0.48	0.63	1.05	0.47	0.32	0.73
S	2.42	0.08	1.47	0.25	2.75	0.09	0.44	0.65	2.03	0.13	1.17	0.33
H'	2.42	0.08	0.20	0.82	1.48	0.25	0.53	0.60	1.09	0.45	1.16	0.33

续表

群落参数	温升幅度		沉积物粒径		pH		盐度		断面		群落类型	
	F值	P值	F值	P值	F值	P值	F值	P值	F值	P值	F值	P值
d	1.79	0.17	0.19	0.83	2.17	0.14	0.44	0.65	1.36	0.31	1.29	0.30
J	2.75	0.06	0.61	0.55	0.63	0.54	1.15	0.34	0.89	0.58	1.17	0.33

8.9.6　群落结构分析

将参照林区大型底栖动物群落生物量数据做 4 次方根转换，进行系统聚类分析、群落的多维尺度序列分析，得到系统聚类树状图和 MDS 图（见图 8-9-6）。按欧氏距离 30% 可主要划分一个大群和 QZ07、QZ10 两个断面组成的小群，还有游离在外的 QZ06 和 QZ13 断面。QZ07、QZ10 两个断面生境相似，均有红树林死亡现象发生。余下的 9 个断面分属不同的温升区，但因相似性高而聚类成一个大群，可以说明温升因素不是影响红树林湿地大型底栖动物群落结构的主要因素。MDS 更好地印证了这一结果。

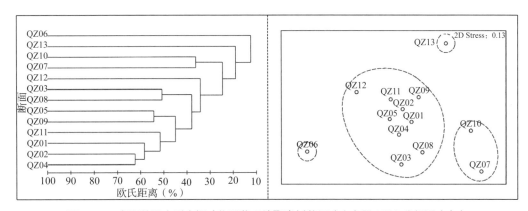

图 8-9-6　参照林区大型底栖动物群落系统聚类树状图（左）及 MDS 分析图（右）

8.9.7　群落稳定性分析

两个林区底栖动物丰度曲线与生物量曲线的相互位置如图 8-9-7 所示。参照林区 < 0.5 ℃温升区和 2 ～< 3 ℃温升区的大型底栖动物生物量曲线始终位于丰度曲线之上，表明群落未受扰动；影响林区 < 0.5 ℃温升区的丰度曲线始终位于生物量曲线之上，表明群落受到严重扰动；其他温升区的大型底栖动物生物量曲线和丰度曲线均相互交叉，表明底栖动物群落结构均发生了中度扰动，生物生境受到了一定压力。综合参照林区几个温升区的大型底栖动物群落丰度生物量曲线来看，并没有发现随着温升变大

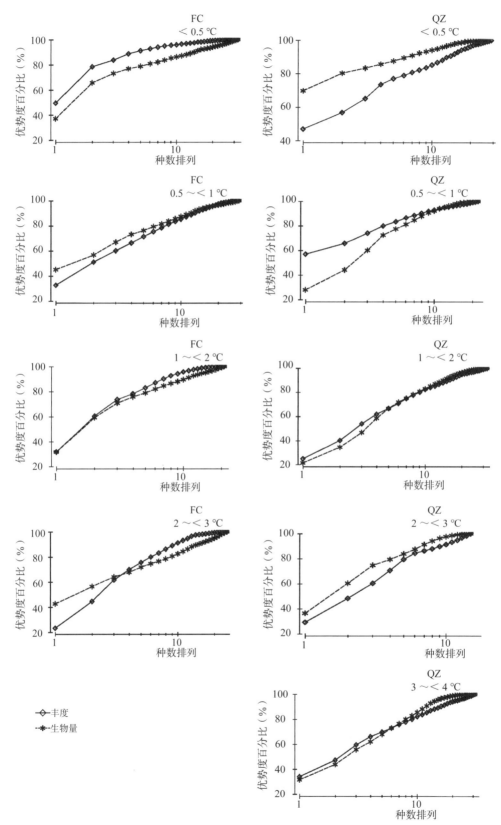

图 8-9-7　参照林区和影响林区大型底栖动物群落的丰度生物量曲线

而群落受到胁迫更大的趋势，表明扰动大型底栖动物群落的主要因素是非温度因素，如围填海、海水养殖、滩涂养殖、滩涂采捕等因素。虽然目前仅有少量影响海区红树林处在 1 ℃范围内，无法直接观察温升的影响，但可从参照海区现状得到相应的答案，即温升因素不是影响红树林湿地大型底栖动物群落稳定性和多样性的主要因素。

8.9.8 群落参数与环境因素的相关关系

统计分析参照林区底栖动物群落指标与环境因素的相关系数，结果表明：pH 与平均生物量、S、H'、d 具有显著的正相关关系，盐度与 S、H'、d 具有显著的正相关关系，其他生境指标与底栖动物群落数量指标没有显著相关关系（见表8-9-4）。可见，参照林区水温对底栖动物群落没有显著的影响。

表8-9-4 参照林区底栖动物群落指标与环境因素的相关性

指标	沉积物粒径		pH		盐度		表层水温	
	r	p	r	p	r	v	r	p
密度	− 0.475	0.17	0.601	0.07	− 0.652	0.04	− 0.520	0.12
生物量	− 0.251	0.48	0.826	0.00	− 0.494	0.15	− 0.473	0.17
S	− 0.350	0.32	0.699	0.02	− 0.696	0.03	− 0.419	0.23
H'	− 0.146	0.69	0.719	0.02	− 0.662	0.04	− 0.145	0.69
d	− 0.213	0.56	0.759	0.01	− 0.705	0.02	− 0.308	0.39
J	0.235	0.51	0.086	0.81	0.038	0.92	0.226	0.53

8.10 参照林区污损动物状况

在参照林区的调查共记录了 12 种污损动物，分别是团聚牡蛎、潮间藤壶、白条地藤壶、黑荞麦蛤、难解不等蛤、纹藤壶、网纹藤壶、纵条矶海葵、棘刺牡蛎、褶牡蛎、纹斑棱蛤、亚光棱蛤等，比影响林区少了一个外来入侵物种——萨氏仿贻贝。

除了遮蔽条件很好的 QZ06 站位，其余站位均发现污损动物附着红树植株。污损动物附着高度、覆盖度变化较大（见表8-10-1）。从附着高度来看，位于 2 ～＜3 ℃温升区 QZ06 站位的红树植株和 QZ07 站位的白骨壤无污损动物附着，而在 1 ～＜2 ℃温升区 QZ05 站位的桐花树植株上，污损动物附着高度达 106 cm。污损动物附着的最大覆盖度（56%）出现在 1 ～＜2 ℃温升区 QZ13 站位的桐花树植株上，平均覆盖度最高值（32%）也出现在 QZ13 站位。从各温升区对比来看，1 ～＜2 ℃温升区污损动物的附着高度和覆盖度均最大，3 ～＜4 ℃温升区次之，其他温升区的污损动物附着量极少。

表 8-10-1　参照林区污损动物的附着高度及覆盖度

站位	温升区	树种	附着高度（cm）		覆盖度（%）		
			最大值	平均值	最小值	最大值	平均值
QZ01	＜ 0.5 ℃	桐花树	55	10	0	5	1
QZ02	＜ 0.5 ℃	桐花树	45	14	0	10	3
QZ03	0.5 ～＜ 1 ℃	桐花树	80	32	0	10	3
QZ04	0.5 ～＜ 1 ℃	桐花树	73	32	0	15	5
QZ05	1 ～＜ 2 ℃	桐花树	106	66	0	10	5
QZ12	1 ～＜ 2 ℃	桐花树	77	69	12	20	16
QZ13	1 ～＜ 2 ℃	桐花树	45	35	1	56	32
QZ06	2 ～＜ 3 ℃	桐花树	0	0	0	0	0
		白骨壤	0	0	0	0	0
QZ07	2 ～＜ 3 ℃	桐花树	69	43	0	15	9
		白骨壤	0	0	0	0	0
		秋茄	60	55	1	3	2
QZ10	3 ～＜ 4 ℃	桐花树	82	53	0	30	13
QZ11	3 ～＜ 4 ℃	桐花树	88	72	10	20	14
	3 ～＜ 4 ℃	白骨壤	96	34	0	27	7

统计分析结果（见表 8-10-2）显示，林外滩涂上覆水盐度梯度之间的污损动物覆盖度和最大覆盖度存在显著性差异（$p < 0.05$），但不同的温升区、树种类型、淹水时长、间隙水盐度等梯度之间的 4 个污损动物群落参数均无显著性差异（$p > 0.05$）。可见温升对参照林区污损动物群落的影响很小。

表 8-10-2　参照林区红树林污损动物群落参数与环境因素之间的单因素方差分析显著性

环境因素	平均附着高度（cm）	最大附着高度（cm）	覆盖度（%）	最大覆盖度（%）
温升梯度	0.060	0.054	0.278	0.255
树种类型	0.297	0.478	0.255	0.264

环境因素	平均附着高度（cm）	最大附着高度（cm）	覆盖度（%）	最大覆盖度（%）
淹水时长	0.804	0.361	0.532	0.194
间隙水盐度	0.851	0.258	0.497	0.320
林外滩涂上覆水盐度	0.407	0.192	0.043	0.029

8.11 参照林区虫害状况

在参照林区开展红树林病虫害调查的 12 个站位中，很少发现活体害虫，虫口密度可忽略不计，主要针对受害叶片数、叶片受害程度和样地平均受害程度开展调查。参照林区各站位虫害指标调查结果见表 8-11-1。由表可知，QZ04 站位的受害叶片数量最多，QZ01 站位的叶片最大受害程度最高。从样地平均受害程度来看，QZ11 和 QZ13 站位最大，达 85%；QZ03 站位受害程度最小，仅为 1%。按照综合受害指数，可分为四个层次：QZ10 站位最高，为第一层次，QZ01、QZ04、QZ09、QZ11、QZ12 和 QZ13 为第二层次，QZ02、QZ06 和 QZ07 是第三层次，其他 2 个站位是第四层次。

从树种受害程度看，参照林区白骨壤平均受害叶片数为 200 片 /m²，叶片平均受害程度为 27%；桐花树平均受害叶片数为 269 片 /m²，叶片平均受害程度为 12%。结合受虫害影响较大的 4 个站位分析发现，在同一站位间，白骨壤受害程度大，比例高于桐花树，如 QZ10 站位和 QZ13 站位，白骨壤叶片平均受害程度为 65% 和 20%，而桐花树仅为 46% 和 5%。总体上看，白骨壤受虫害影响最大。

单因素方差分析显示，不同温升区之间的受害叶片数量及叶片平均受害程度的差异极显著（均 $p=0.000$），但相关性分析并没有显著的随水温升高而受害叶片数量及叶片平均受害程度更高的趋势，距离温升区较远的 QZ04、QZ02 样地虫害也较严重。

样地平均受害程度是整体判断指标，每个温升区仅 2 ～ 3 个数据，不宜进行方差分析，取平均值进行比较显示：从低温升区到高温升区，样地平均受害程度分别为 63.5%、34.5%、51.7%、39.0%、73.3%。虽然 3 ～＜ 4 ℃温升区样地平均受害程度最高，但也没有随着温升变大而样地平均受害程度越高的规律性趋势。将 10 个站位现场水温平均值与受害叶片数量、叶片平均受害程度、样地平均受害程度进行相关系数计算，r 值分别为 –0.195、0.205、–0.118，相关关系均不显著（$p>0.05$），表明水温对红树林虫害的促进作用很小。

相关研究认为红树林不具备形成单独的昆虫区系的条件，目前在红树林中发现的很多昆虫都来源于与其相邻的陆地植被上。虫害严重站位背后的陆岸，遍布建成和在建的住宅、道路、厂房、养殖围塘等人工构筑物，这才是促进红树林虫害胁迫的真正原因。

表 8-11-1　参照林区各站位虫害指标调查结果

站位	温升区	受害叶片数量（片 /m²）	叶片最大受害程度（%）	叶片平均受害程度（%）	样地平均受害程度（%）
QZ01	<0.5 ℃	348	88	8	78
QZ02	<0.5 ℃	384	32	9	49
QZ03	0.5 ～< 1 ℃	57	18	3	1
QZ04	0.5 ～< 1 ℃	572	52	3	68
QZ05	1 ～< 2 ℃	97	15	1	2
QZ12	1 ～< 2 ℃	357	60	25	68
QZ13	1 ～< 2 ℃	310	60	13	85
QZ06	2 ～< 3 ℃	138	65	12	53
QZ07	2 ～< 3 ℃	219	59	11	25
QZ09	3 ～< 4 ℃	105	61	30	55
QZ10	3 ～< 4 ℃	220	70	55	80
QZ11	3 ～< 4 ℃	215	64	18	85

第九章 分析预测及主要结论

9.1 非生物因素基线状况及其影响分析

9.1.1 温度基线状况及其影响

生态学家推测，全球变暖将导致海洋生态系统和陆地生态系统大部分物种分布中心和分布范围向高纬度地区移动。海洋生物在纬度和水深层面做出响应，从而改变物种分布格局。而陆地生态系统则主要在纬度和海拔层面做出响应。红树林属于海陆交界地带的特殊生态类型，且红树植物大多属嗜热型，低纬度和高纬度地区红树植物的生长和分布将受到全球变暖的显著影响。全球变暖除了可能改变红树林群落构成（如林分结构-群落生物多样性）和改变生长规律（如开花、结果时间），还有可能提高红树群落的生产力（如果温度升高没有超过一定的限度），以及促进其自然分布范围向更高纬度发展。有关研究认为，如果全球气温升高 2 ℃，红树植物的分布区将向高纬度扩张约 2.5 个纬度。就我国而言，如果气温升高 2 ℃，红树林的自然分布北界将由现在的福建省福鼎市（27°20′N）扩张到浙江省嵊州市（29°36′N）附近，引种分布北界将由现在的浙江省乐清市（28°25′N）北移到杭州湾（29°52′N～30°27′N）。自然情况下，随着纬度升高，红树林的分布面积和物种数均显著降低，嗜热树种消失，耐寒树种占优势，群落高度降低，林相由乔木变为灌木。不同种类的红树植物光合作用的最适温度和温度耐受范围有较大差异，因此对于温度升高的响应可能不一致。钦州湾原生红树植物在我国分布南北界的气温情况见表 9-1-1，它们均可生长在我国红树林分布最南端——海南省三亚市，对高温具有较高的适应能力。极端高温并不与纬度相匹配，不等于纬度越高极端高温就越低。在秋茄自然分布的南界——海南省儋州市（19°31′N），极端最高气温达到 40.0℃，但在秋茄被引种最南端的海南省乐东黎族自治县望楼河口（18°26′N），极端最高气温仅为 36.0℃，而在秋茄自然分布的最北端——福建省福鼎市沙埕湾（27°20′N），极端最高气温可达 38.9℃。

一般来说，植物可在 10～35 ℃的温度下正常地进行光合作用，25～30 ℃最适宜，超过 35 ℃光合作用下降，40～50 ℃时即完全停止。高温对光合作用的主要限制是影响电子传递过程和 Rubisco 的活化，从而抑制叶肉细胞的光合活性。红树植物的叶面光合作用最适温度为 28～32 ℃，而当叶面温度达到 38～40 ℃时，叶片光合作用停止。

当气温达到 37 ℃以上时，白骨壤的根系伸长受到明显抑制；当气温达到 39 ～ 40 ℃的高温后，高温虽然对幼苗的生存并未造成显著影响，但是可能使尚未长出茎的繁殖体死亡。因此，温度也是某些红树植物繁殖体定植成活的关键因素（厦门大学，2014）。

表 9-1-1　钦州湾原生红树植物在我国分布南北界的年均气温及极端气温

种类	南界			北界		
	区域	年均气温（℃）	极端高温（℃）	区域	年均气温（℃）	极端低温（℃）
秋茄	海南儋州(自然)	23.2	40.0	福建福鼎	18.5	− 4.3
	海南三亚(人工)	25.4	36.0			
桐花树	海南三亚	25.4	36.0	福建泉州湾	20.4	0.1
白骨壤	海南三亚	25.4	36.0	福建福清	19.7	− 1.2
木榄	海南三亚	25.4	36.0	福建龙海	21.0	2.0
卤蕨	海南三亚	25.4	36.0	福建云霄	21.2	3.8
海漆	海南三亚	25.4	36.0	福建云霄	21.2	3.8
黄槿	海南三亚	25.4	36.0	福建惠安	20.0	0.3
阔苞菊	海南三亚	25.4	36.0	福建福清	19.7	− 1.2
苦郎树	海南三亚	25.4	36.0	福建宁德	19.3	− 3.9

此外，限制高纬度红树植物生长和分布的主要因素是极端低温事件的发生频率、强度和持续时间等。气象专家认为，即使全球气候变暖，极端低温事件频率也不一定会减少。虽然极端高温对红树林产生影响的证据并不多，且不同红树植物的温度耐受性不同，但是对于特定红树植物种类来说，在其纬度分布极限都会受到温度的限制。

防城港核电厂周边区域的气温和表层水温年际变化趋势一致，均呈单峰单谷型，夏季高、冬季低，但表层水温变化幅度小于气温。据 2008—2022 年钦州市相关部门资料统计，钦州湾中部区域多年平均气温为 23.0 ℃，平均水温为 24.0 ℃，水温比气温高 1.0 ℃。极端最低气温为 3.1 ℃，出现在 2008 年 1 月；极端最高气温为 39.9 ℃，出现在 2009 年 10 月。表层水温最低为 7.6 ℃，出现在 2008 年 2 月；最高为 35.0 ℃，出现在 2012 年 7 月。从目前收集到的正式报道文献资料来看，除 2008 年初持续低温天气致使广西沿海各类红树林不同程度受灾、部分红树林死亡或濒临死亡事件外，未发生过因温度变化而造成红树林受损的事件。

水温影响还要考虑自然增温与三期温排水温升的叠加。天津大学数值模拟显示，防城港核电三期温排水温升 1 ℃范围内红树林面积将达 28.31 hm²，温升 2 ℃范围内红树林仅分布在北部两个小岛，面积为 1.40 hm²。2019 年 7 月天津大学无人机遥测水温分布发现防城港核电厂排水口西侧红树林（样方 FC08 至 FC10）温升达 3 ～< 4 ℃，但与核电温排水温升范围不相连续，属于自然温升，而且模拟核电三期温排水 1.0 ℃温升线没有将核电排水口西侧红树林包括在内（见图 5-5-1）。从影响林区外缘滩涂宽度来看，仅 FC08 和 FC10 站位外缘滩涂较为宽阔，宽阔的滩涂使得涨潮水经历较长时间的自然增温，导致排水口西侧红树林区水温比钦州湾海域的本底水温高 3 ℃以上，其他站位均无宽阔的潮间带滩涂，自然增温效果不明显。处在温升 2 ℃范围内的北部两个小岛上的红树林，除了核电温排水造成的温升，自然温升幅度很小。总之，自然增温与核电三期温升的叠加效果基本可忽略。

9.1.2 盐度基线状况及其影响

盐度是影响红树林建立和发展的重要环境因素之一，不同的红树植物具有不同的盐度适应范围。林鹏（1984）认为，秋茄在海水盐度为 7.5 ～ 21.2 条件下生长旺盛，其最适盐度为 20，种植木榄的适宜盐度应低于 21.75，白骨壤的最适盐度为 30。叶勇等（2004）报道在盐度 25 以上的海滩，仅适合种植白骨壤，中等盐度海滩还可种植桐花树，老鼠簕则只适宜在较低盐度的海滩种植。盐度过高会增强红树的呼吸作用，但会抑制其生长，盐度过低会引起淡水植物与其生物竞争。习龙（2014）认为海南东寨港某一光滩剖面无红树建立的原因之一，就是盐度过高（大于 27）。

盐度对红树整个生命周期不同阶段的影响也有所不同，红树的萌苗能力受盐度影响，盐度升高致使种子吸水量减少，从而抑制其萌发及根生长，萌苗速率减缓（Ye 等，2005；黄星等，2009）。红树幼苗发育最适宜的盐度范围为 3 ～ 27（Aziz 和 Khan，2001），低于或高于适宜范围都会影响其生长发育。

专题调查影响林区渗出水盐度在 7.770 ～ 22.412，林外滩涂上覆水盐度在 10.882 ～ 18.065；参照林区渗出水盐度在 8.843 ～ 15.974，林外滩涂上覆水盐度在 2.888 ～ 10.333，盐度范围均适合红树林生长要求，有利于红树植物的生长。

9.1.3 流速基线状况及其影响

流速对于能否维持红树林生境理化性质的基本稳定十分重要。首先，流速极大地影响滩涂沉积物的再悬浮、沉降及沉积过程，决定了滩涂发生侵蚀或淤积的趋向，进而影响红树林生境的稳定性；其次，流速影响沉积物机械组成，导致颗粒粗糙或过度细腻，关系到红树繁殖体着生和稳定生长；第三，较高流速有利于污损动物在红树植株上附着生长，造成幼苗器官过早凋落、倒伏甚至死亡，阻碍幼苗成功入侵。

专题调查在当地农历五月大潮期间（2022年6月15—18日）开展，记录到的流速是全年中比较高的数值。现场观测到影响林区平均流速范围为4.66～13.79 cm/s，参照林区仅为2.26～7.74 cm/s。调查区域的红树林多数分布在局部小海湾，向海林缘的潮水流速较低。广西海洋研究院在广西合浦县铁山港榄根村红树林区开展的近3年监测显示，红树林区内部平均流速范围为6.00～20.00 cm/s，红树林滩涂年沉积速率为0.65 cm，群落沉积物较为稳定。遥感影像解译表明：2007—2022年，平均流速最大的影响林区FC10样地红树林面积维持不变，平均流速居第二的FC08样地则有自然增长。因此，可认为水动力条件对影响林区现存红树林的正常生长和生境稳定性维持没有造成明显的负面影响。

9.1.4　沉积物粒度基线状况及其影响

沉积物是红树林湿地生态系统的重要组成部分，其性质是重要的红树林宜林环境指标之一。在海洋、陆地以及人类活动的综合影响下，其沉积物质来源丰富，沉积物机械组成上差异较大。红树林不仅可在以粉砂、黏土为主的潮滩上生长得很好，也可在以砂、砾为主的潮滩上较好地生长。

钦州湾红树林区沉积物粒度类型主要是砂质粉砂和粉砂质砂，细砂和粉砂含量较高，同时存在一定比例的黏土。团体标准《海岸带生态减灾修复技术导则　第2部分：红树林》（T/CAOE 21.2-2020）指出，红树林生态修复适宜底质类型有淤泥、泥炭、泥沙等，以淤泥质滩涂为宜；且推荐沉积物黏土占比在5～25为适宜，＜5或25～30为中度适宜，＞30为不适宜。按照这个标准，影响林区8个站位中有5个为适宜，3个为中度适宜，无不适宜林区；参照林区10个站位中有5个为适宜，5个为中度适宜，无不适宜林区。参照这个分级标准，可认为影响林区和参照林区的沉积物环境均适合红树林生长，群落较为成熟稳定。

9.1.5　沉积物理化性质和肥力基线状况及其影响

沉积物是红树林赖以生存的物质基础，是决定植物群落格局和结构的重要环境因素之一。沉积物pH对沉积物养分的有效性和植被的营养状态影响很大。红树林对沉积物有酸化作用，其在生长过程中不断地从沉积物中吸收SO_4^{2-}，并以硫化物的形态累积于体内，再以枯枝落叶等被埋藏分解的形式归还沉积物，大量的硫进入沉积物，随着沉积物硫含量的增加，沉积物 pH 呈对数曲线下降。影响林区和参照林区沉积物 pH 范围分别在 7.21～7.53 和 6.65～7.96，呈中等或弱碱性，沉积物多为粉砂或砂质粉砂。砂质、粉砂质沉积物 pH 不呈酸性，可能与其生长环境的沉积物紧实、容重大，不利于红树林枯枝落叶留存、分解有关。

沉积物肥力反映了沉积物的基本属性和本质特征，为植物生长提供必要的营养物质和机械支撑，体现了沉积物为植物生长供应营养和协调环境方面的能力。碳、氮、磷元素是重要的生命元素，其在生态系统各个水平上是相互联系的整体，受生态系统本身特性和外界环境变化的影响。从沉积物养分元素看，影响林区和参照林区的沉积物有机质、总氮的含量较高但总磷含量偏低，不同群落类型之间存在一定差异。红树林对沉积物产生"生物自肥作用"，将大量枯枝落叶归还沉积物，为沉积物有机质和营养元素的积累提供物质基础。红树林具有特殊的生境，通过发达的根系，能有效地网罗有机碎屑，固定和沉积污染物，增加沉积物氮、磷等的含量。相同类型的红树林群落，其底泥为泥质的沉积物有机质、氮、磷含量均高于砂质或砂泥质沉积物，且同种红树植物在泥质沉积物中生长更好。研究表明：植物与沉积物养分之间存在相互促进的关系，高生物量区域的沉积物有机质和全氮含量也高。

本区域红树林沉积物肥力不高，QZ10 站位沉积物肥力等级属第Ⅲ级（一般沉积物），其余站位均属第Ⅳ级（贫瘠沉积物），主要受红树植物类型、群落组成、林龄、林带宽度和沉积物类型等因素的影响，同时与周边环境如畜禽养殖和围塘养殖也有关系。沉积物肥力与自身理化性质及营养物质来源有关，温升对沉积物肥力并无明显影响。本区域为以桐花树和白骨壤为主体的河口红树林，对于营养物质要求不高，在本项目监测的所有站位均可正常生长。

9.1.6 淹水时长基线状况及其影响

红树林生长基质是水分饱和的无定形沉积物，基本上处在还原状态。沉积物通气性差，固液气三相组成中气相成分仅在 1% 以下，红树林生境中缺氧症非常严重。涨潮时潮汐完全淹没红树林潮滩，沉积物和水体中氧气缺乏，植物根系中氧气含量持续下降。淹水和非淹水状态下，白骨壤呼吸根中氧气浓度变化显著，淹水间歇末期在根内部形成一个氧气浓度梯度，从根中部的 6.41 ± 0.26 $mol \cdot m^{-3}$ 到根尖的 4.18 ± 0.37 $mol \cdot m^{-3}$，淹水 6 h 后，两处氧气浓度分别下降到 4.59 ± 0.37 $mol \cdot m^{-3}$ 和 2.82 ± 0.41 $mol \cdot m^{-3}$（Skelton 和 Allaway，1996）。由于厌氧增强，沉积物产生毒害物质，如 CH_4、FeS 等，导致土壤氧化还原作用下降（Ye 等，2003）。

陈鹭真（2005）认为，缺氧症在水分、碳水化合物、矿质元素、酶和激素水平等方面影响红树植物生长。缺氧条件下的植物不仅有机物分解产能效率低下，还会产生乳酸、乙醇和苹果酸等毒害物质。逆境时植物细胞中产生的活性氧等自由基引起膜脂过氧化作用，损伤细胞质膜，增加膜透性，细胞内含物如 K^+、Cl^-、氨基酸、碱性和酸性代谢物流出，导致细胞死亡。淹水程度过大时产生的膜脂过氧化重要产物丙二醛（MDA），可以导致秋茄叶片和根系损伤。过度的淹水胁迫引起红树幼苗根系呼吸速率下降，同时根系活力显著降低。

在淹水间隙恢复氧气水平，以及在淹水期储存和运输氧气，两者对于抵抗周期性浸淹都意义重大。一般植物通过气孔吸收氧气，在突然遭遇淹水时迅速关闭气孔，使气孔导度下降，某些不耐淹水的植物甚至在淹水过后数天气孔仍关闭着。红树植物的皮孔是特殊的吸收氧气的器官，白骨壤在结束淹水状态后，气体压力迅速回升，几小时内呼吸根中氧气浓度就完全恢复，氧气扩散进入呼吸根的皮孔，再通过皮层的气道输送到地下根系（Skelton 和 Allaway，1996）。

红树植物发育形成高度适应缺氧环境的气生根或次生根系统，在缓解缺氧症方面发挥着重要作用。白骨壤属的指状呼吸根、海桑属的笋状呼吸根、木榄属的膝状呼吸根和红树属的支柱根，都能非常有效地支持大气和植物根系之间的气体交换（Chapaman，1976）。红树植物各种根系的发育程度被认为与其耐淹水能力相关。呼吸根富含气道，杯萼海桑根中近 40% 的空间属于气道（Purnobasuki 和 Suzuki，2004），白骨壤根中通气组织高达 70%（Curran，1985）。气道可保证根系供氧维持正常生长水平，在红树植物被完全淹没时还起着储存氧气的作用。

专题调查在农历五月大潮期间（2022 年 6 月 15—18 日）开展，淹水时长是全年中比较高的数值，范围为 10.00～14.27 h，尤其是位于茅尾海的 FC01 和 FC04 站位，其淹水时长均超过 13.00 h，但所有监测站位现存的红树林均适应这种淹水状态。河口湾滩涂淹水时长主要受到径流量、潮汐动力和地形地貌影响。

9.2 生物因素基线状况及其影响分析

9.2.1 温排水对红树林区大型海藻的影响分析

红树林与大型海藻存在共生互益关系。红树枝干和表面根系等为大型海藻提供了稳定的附着基质，使其能在营养盐相对丰富的咸淡水区域生长繁殖；林内独特的荫蔽条件和垂直结构，营造出从上到下不同的光照条件和浸淹水平，生态位多样化促进了海藻多样性；另外，当林分密度达到一定程度时，红树林缓流降速功能可为林区海藻提供稳定生长的环境。反过来，海藻繁盛可使红树林区具有更大的初级生产力，植食性动物直接以林区海藻为食物来源，有助于稳定红树林湿地生态系统的结构和功能；

同时，海藻可通过光合作用放出氧气，增加海水中溶解氧浓度，改善氧气供给水平，提高底栖动物生境适宜性。

虽然红树林海藻经过不断地进化，逐渐能适应相对干燥的环境，如一些绿藻通过增加细胞壁厚度，减缓水分流失，以适应干燥环境，但藻体必然需要充分的浸淹，以维持正常的生长繁殖过程。浸淹水深决定了海藻在红树植株上的附着高度，海藻在参照林区的主要树种桐花树树干上附生的最大高度可达 1 m 左右。参照林区 1～< 2 ℃温升区的海藻附着高度显著高于其他区域，其后依次为< 0.5 ℃温升区、0.5～< 1 ℃温升区、3～< 4 ℃温升区、2～< 3 ℃温升区，附着高度与温升大小不显著相关，但与各站位的浸淹水深大小显著相关。

赵素芬（2022）指出，表层水温是影响海藻空间分布的重要因素。温度影响了海藻生理活动的活性，同时对海藻吸收利用潮水中营养物质的效率和程度也产生一定作用。本次调查发现，参照林区站位海藻种数与温升幅度呈显著正相关，温升对海藻多样性产生显著的增进作用。丁兰平等（2011）研究表明，我国海域大型海藻种类数由北向南逐渐增加，南海区海藻多样性远比黄海区及东海区丰富。宏观尺度的海藻多样性纬向分布，本质上由水温因素决定，有助于理解微观尺度的人为造成水温较大升高状况下的海藻多样性分布格局。

海藻生长需要适宜的温度条件，过高或过低的温度都不利于海藻生长。调查海区记录到的粗壮链藻、鹧鸪菜和卷枝藻是广西红树林区海藻群落主要优势种。这 3 种海藻不但生物量占优，可在广西红树林区全年生长，而且在福建、广东和海南红树林区均广泛分布（林鹏等，1997），显然这 3 种海藻具有较高的耐受高温的能力，因此适当温升不会对这 3 种海藻产生明显的负面影响。

浒苔是需要重点关注的大型海藻。由于污染物入海量较大、海水养殖规模较大，广西近岸尤其是茅尾海等河口海湾海水水质较差，冬春季（12 月至翌年 4 月）浒苔"绿潮"频发。浒苔藻丝常见于虾塘、排污口附近滩涂及红树枝干上。浒苔过度繁殖对红树幼树幼苗影响较大，浒苔藻丝包裹植株，严重时可导致其死亡。李俭平等（2010）研究显示，浒苔生长与水体富营养化程度密切相关，氮、磷浓度越高，对浒苔生长的促进就越明显。张晓红（2011）研究表明，浒苔营养生长的最适温度范围为 20～23 ℃，盐度范围为 26～32。可见浒苔的最适温度范围较窄且偏向中等温度，在高温环境中生长受到抑制。随着水温升高，浒苔藻体在春末夏初就衰亡而转入其他状态，同时中、高盐度环境更有利于其生长。防城港核电厂周边海域盐度较低，温升区水温较高，这种生境条件对浒苔生长的促进作用有限。从较长时间尺度来看，温排水或自然增温 3～< 4 ℃的林区面积没有萎缩，甚至小幅自然增长，可见目前浒苔等海藻对红树林的负面影响较小，同时表明温升对浒苔等海藻的促进作用有限。尽管如此，仍

需高度重视红树林湿地中海藻生长过快的负面影响。

9.2.2 温排水对红树林大型底栖动物群落的影响分析

大型底栖动物属于变温生物，体温和环境温度相近，它们长期栖息在水底沉积物表面或内部浅层中，活动位置相对固定，迁移能力有限。在一些情况下，增加水体温度或改变温度昼夜循环变化对当地的生物群落有不利的影响（蒋朝鹏等，2016）。蔡泽平和陈浩如（2005）的研究结果表明，只有靠近排水口海域内的底栖生物才受到显著影响，在很多情况下，温排水对底栖生物的负面影响较小。

本专题研究表明，影响林区不同温升区之间的大型底栖动物平均密度、种类数差异极显著，断面间的大型底栖动物平均密度、平均生物量、S、d 差异极显著，沉积物粒径等级之间的底栖动物 S、d 差异极显著。在参照林区，除沉积物粒径等级之间底栖动物密度差异极显著外，其他 5 类生境因素等级之间的底栖动物群落数量参数的差异不显著。

计算两个林区的大型底栖动物群落参数与生境因素的相关系数，结果表明：在影响林区，沉积物粒径与底栖动物平均密度呈显著的正相关关系（$p=0.04$），其他生境指标与底栖动物群落参数没有显著相关关系；在参照林区，pH 与平均生物量、S、H'、d 具有显著的正相关关系，盐度与 S、H'、d 具有显著的正相关关系，其他生境指标与底栖动物群落数量指标没有显著相关关系。可见，水温对底栖动物群落参数没有显著的影响。

金岚（1993）研究表明，大型底栖动物最高耐受温度一般为 35～42 ℃，少数种类可耐受 40～50℃的高温，也有少数种类对高温忍受能力较差，只能承受 30～32 ℃的范围。胡德良和杨华南（2001）报道：6 ℃以上的增温将对大型底栖动物造成严重危害，如栖息地萎缩，即使冬季也是如此；而增温 4 ℃则对大型底栖动物有利，其种类和数量比自然水体要丰富，多样性指数值也相应增高。在一定的水温范围内，自然水温越低，增温对大型底栖动物种类与数量的增加越有利。可见，核电三期引起的温升幅度没有超出大型底栖动物的耐受范围，基本上不会造成明显的负面影响，相反还可在一定程度上促进其生长、扩散和繁殖。

9.2.3 温排水对红树林污损动物群落的影响分析

已有研究表明，红树林污损动物的附着、群落组成及数量与以下多种因素密切相关：

（1）海水盐度。红树林可正常生长在盐度为 0～50 的淡水至咸水滩涂上，提供了足够的空间尺度来分析盐度与污损动物之间的关系。可以观察到随着盐度梯度增加，污损动物在红树林上的附着从空白到出现，从轻度到严重。同时水体盐度也影响了污损动物群落组成、数量结构和分布格局的变化。

（2）高程。如果给予足够的垂直高度和时间跨度来观察，高程与红树林污损动物群落关系呈钟形。多年生红树植株上处于较低位置的污损动物群落逐渐稀落，而处在较高位置的则因干旱程度和摄食难度增加而分布受限制，因此，种类多样性、密度和生物量集中在中等高程的枝干上。

（3）水流速度。污损动物的种类和数量均从向海林带到向陆林带单调地递减，开阔性海岸红树林的污损动物附着比封闭港湾红树林的严重，主要原因是水流速度减缓，这与红树林的缓流降速能力有关。当林分密度达到一定程度时（50%），污损动物附着程度随林分密度增大而降低；对于没有郁闭到一定程度的疏林，林分密度与动物密度不相关。尽管如此，流速仍与污损动物密度呈正相关，林分密度不等同于水流速度。

（4）生物因素。种间和种内竞争、动物牧食、群落演替、红树植物特殊性适应（活性物质分泌、脱皮等）等生物因素影响污损动物附着和分布。人类采捕活动常常使牡蛎等有经济价值的污损动物数量偏少。

专题调查结果显示，红树林污损动物的附着高度、覆盖度与温升没有明显的关系。在影响林区，模拟温升区、群落类型、淹水时长、间隙水盐度、综合肥力系数、林外滩涂上覆水盐度、流速、水温等因素，对污损动物的附着高度、覆盖度的影响不显著（$p > 0.05$）；在参照林区，仅有林外滩涂上覆水盐度对污损动物覆盖度的影响显著（$p < 0.05$），其他因素影响均不显著。因此可判断核电三期温排水不会明显加剧红树林污损动物危害。

9.2.4　温排水对红树林病虫害的影响分析

红树植物富含丹宁，丹宁苦涩，具有广谱抗菌和食性差的特征，因此红树植物普遍具有较强的抗病虫害能力。同时，潮间带间歇性淹水也不适合昆虫生存。在20世纪90年代之前，红树林极少发生严重的虫灾。随着沿海地区城镇化、现代化发展，人为干扰加剧，加上全球气候变暖，海岸带生态环境发生显著变化。2004年首次报道了全国性的白骨壤林遭受大面积虫害事件，此后连年发生红树林虫害，而且近年来害虫种类呈由单种向多种并发的发展趋势。虫害暴发时，红树植物的叶片大量脱落、叶肉被啃食从而无法进行光合作用，影响植株正常生长发育，严重时甚至会引起红树林死亡。

红树林的害虫种类主要和寄主植物种类有关。海榄雌瘤斑螟（*Acrobasis* sp.）是白骨壤的专食性害虫，在有白骨壤分布的红树林均有虫害发生，且危害程度都比较严重。毛颚小卷蛾是桐花树的主要害虫。刘文爱和范航清（2009）对广西红树林主要分布区进行虫害调查，发现小袋蛾（*Clania minuscula*）危害秋茄、桐花树和白骨壤，其中以秋茄和桐花树最严重，幼虫大发生时全树无完整叶片，使枝条枯萎或整株枯死，严重影响树木生长；白囊袋蛾危害无瓣海桑、秋茄和桐花树，在无瓣海桑植株上平均密度超 100 头／株，大暴发时可造成红树林成片枯黄；蜡彩袋蛾（*Chalin larminati*）危害桐花树、秋茄、木榄和红海榄，以秋茄和桐花树为最，幼虫呈聚集分布状态，取食大量叶片，造成叶片干枯；此外，绿黄枯叶蛾（*Trabala vishnou*）、无瓣海桑白钩蛾（*Ditrigona* sp.）和木麻黄枯叶蛾（*Ticera castanea*）对无瓣海桑造成不同程度的危害，褐袋蛾（*Mahasena colona*）对秋茄、桐花树等造成较严重危害。

广西红树林虫害产生的可能原因主要有以下几点：

（1）红树林生境的变化。气候条件如温度、湿度、降水的变化直接影响害虫的生长发育、繁殖等活动，进而影响害虫的数量，如范航清和邱广龙（2004）认为，2004 年海榄雌瘤斑螟大暴发可能与当时广西平均气温偏高、降水量偏少及日照时间偏多等异常气候有关。水文条件如水温的变化也可能会影响害虫的发育、传播和淹水特性以及部分水生天敌昆虫（如蜻蜓）的发育等。除环境因素外，生物因素也有一定影响，主要为寄生性与捕食性昆虫天敌、蜘蛛、食虫鸟类等减少，使红树林害虫失去了有效的制约，从而容易暴发成灾。

（2）红树林结构和稳定性的改变。由于城市化建设等人为因素，红树林及其周边的植被类型减少，生态环境逐渐恶化。而一些单一红树植物如秋茄、白骨壤等的大面积种植，使红树林的生物多样性下降，生态系统健康状态恶化，稳定性减弱，因此受害虫影响的概率增大。

（3）害虫的适应能力较强。红树林具有高盐、强光照、间歇性淹水等特点，且红树植物多含有丹宁，但一些害虫对这些逆境有较强的适应性，因而造成暴发灾害的概率较大。例如，丽绿刺蛾（*Parasa lepida*）对海水浸泡有较强的抗逆性，这是丽绿刺蛾在红树林成灾的主要原因（丁珌等，2003）。一些红树林害虫的繁殖力较强，如海榄雌瘤斑螟平均产卵量 103 粒，棉古毒蛾（*Orgyia postica*）平均产卵量 383 粒，蜡彩袋蛾每雌产卵量 450 粒以上，柚木驼蛾每雌产卵量高达 800 粒以上，它们在适宜条件下非常容易大量繁殖（李志刚等，2012）。

专项调查结果显示，受害叶片数量、叶片平均受害程度、样地平均受害程度等 3个指标并没有随水温升高而升高的趋势，表明温升对红树林病虫害无促进作用。相关研究表明红树林不具备形成单独的昆虫区系的条件，目前在红树林中发现的很多昆虫都是来源于与其相邻的陆地植被上。在影响林区和参照林区虫害严重林地的陆岸区域，遍布建成和在建的住宅、场馆、工厂、养殖池塘等人工构筑物群体，这些才是促进红树林虫害的真正原因。

本次调查已发现有部分植株受虫害影响，虽未造成大面积植株受损或死亡，但必须引起高度重视，建议采取"预防为主、治早、治小、控制蔓延不成灾"的防治策略，通过物理防治、化学防治、生物防治等多种手段及时控制，避免害虫大面积暴发。

9.3　人为因素影响分析

不同时期各种人为活动对红树林空间分布的影响，反映了不同历史时期区域政策导向、经济发展水平和公众环境保护意识水平。

9.3.1　沿海开发建设导致红树林面积减少

随着沿海地区城镇化、工业化的推进，围填海项目不断增多，局部区域红树林被破坏的现象时有发生。2007—2022 年间，填海造地和围海养殖占用的红树林分别达15.23 hm² 和 12.15 hm²，是调查区域红树林面积减少的最主要因素，工程建设期间或之后缓发渐进性的破坏致使 6.40 hm² 红树林丧失，也是主要因素之一。

9.3.2　围填海活动造成红树林生境条件改变

围填海活动不仅直接占用红树林，还造成红树林外围水动力和内部生境改变，对红树林生态系统构成潜在威胁。工程建设施工可引起潮水流向改变、流速下降，悬浮物淤积，从而导致红树植物受低氧胁迫、光合作用受阻，进一步导致红树林更新困难以至次生化。

9.3.3　过度利用导致红树林生态系统生物多样性下降

巨大的海产品需求以及沿海群众维持生计的需要，使红树林区滩涂挖捕、围网、毒鱼、放养家鸭、捕鸟等破坏性活动长期得不到有效遏制。强烈而密集的人为干扰导致红树林矮化、稀疏化及生物多样性降低，中华乌塘鳢（*Bostrychus sinensis*）、拟穴青蟹、弓形革囊星虫等野生经济动物资源量大幅减少。生物多样性的下降，尤其是底栖动物的减少将导致生境质量下降，不仅会抑制红树林生长，还会弱化食物链，进而引起红树林湿地生态健康受损。

9.3.4　海区污染引发红树林敌害生物危害严重

各种生产生活产生的污染物大量排海形成污染，是红树林敌害生物暴发的重要诱因。

9.4 红树林生长状态及温排水影响分析

9.4.1 温排水对红树植物种类分布的影响分析

红树植物主要分布在热带和亚热带海岸地区，大多数种类对低温敏感。因此，红树林宏观分布的纬度界限主要受温度（气温、水温或霜冻频率）控制，过低的温度会使红树植物冻死或阻止其开花结果、种子萌发、幼苗生长，从而限制红树林向高纬度地区扩张。红树林生长最适宜的温度为最低月平均气温不低于 20 ℃，年均气温 25～30 ℃，年均海水温度 24～27 ℃。中国红树林自然分布于东南沿海各地，包括海南、香港、广西、广东、福建和台湾，从南到北，随着纬度上升、温度下降，红树林组成种类逐渐减少，群落结构趋于简单，不同地域自然分布的红树林植物群落的种类多样性递减。根据林鹏划分的中国红树植物耐寒性等级序列，中国耐寒性最强的红树植物是秋茄，自然分布纬度最高，到达福建福鼎市，最低月均气温为 8.4 ℃。

2008 年初，我国南方 20 个省（区、市）经历了 50 年一遇的持续低温雨雪冰冻天气，极端气候对华南沿海的红树林区造成了不同程度的危害。陈鹭真等（2010）在 2008 年寒潮过后的 1 个月内，对我国南方红树林区的 10 个代表性地点进行红树植物伤害程度的系统调查，发现当极端低温正值夜间落潮时，红树林受寒害更为显著。冬季海水温度 2 ℃被认为是红树林分布的临界水温，因此对红树植物低温胁迫研究从气温进一步延伸到气温和水温的相互作用。陈鹭真等（2012）通过室内控制模拟冬季低温和夜间低潮对无瓣海桑幼苗的影响，进一步验证了极端低温发生时夜间高潮对幼苗起到了较好的保温作用，缓解了低温对幼苗生长和叶片的生理伤害。

红树植物是喜温性植物，未来的全球变暖趋势可能对红树林有积极的影响，可能改变其大尺度分布、林分结构，提高生物多样性。冬季广西防城港核电厂温排水将在一定程度上提高项目影响区域的水温和气温，对于受到低温胁迫的红树林可起到一定程度的保护作用。

如果夏季出现持续极端高温天气，可能会对红树植物产生一定的危害。项目组收集了 2007—2022 年钦州湾中部温度数据，其表层水温最高纪录为 35 ℃。这个最高水温比当地 7 月平均水温（30.5 ℃）高出了 4.5 ℃，出现在 2012 年 7 月。统计发现 33～35 ℃的高温天气持续长达 4 d，每天持续 6 h 左右。同时据李树华等（1993）统计的钦州龙门站 1966—1983 年定位站观测资料，该海域极端最高水温为 34 ℃（1976 年 8 月 24 日），最热月 7 月的平均温度为 29.89 ℃。上述数据说明调查区域的红树林在发展历史上不仅经受住了夏季正常高温的考验，也经受住了极端高温的考验。

调查结果显示，参照林区国投钦州电厂引起的 3～＜4 ℃、2～＜3 ℃、1～＜2 ℃、0.5～＜1 ℃等 4 个温升区之间的红树植物种类组成没有差异，主要树种白骨壤、桐花树、秋茄和海漆，均可以分布到各个温升区，而且长势良好。表明实际温升 3 ～＜ 4 ℃对于红树物种分布范围没有产生明显的负面影响。

影响林区的模拟 1 ～＜ 2 ℃、2 ～＜ 3 ℃温升区范围内的红树植物种类稍多于参照林区，除了本区域广布的白骨壤、桐花树、秋茄和海漆，项目组在 FC07 站位（核电厂进水口范围内，模拟 1 ～＜ 2 ℃温升区）发现 4 株无瓣海桑幼树。无瓣海桑引种自孟加拉国，是一种非常适应热带生境的红树植物。另在 FC08 样地（核电厂排水口西部 100 m 处，自然温升 2 ～＜ 3 ℃区）发现了本项目调查范围仅有的 1 株木榄幼苗，株高 75 cm，树龄估计 3 ～ 4a，应为核电厂一期投入商用之后定居此处。木榄的纬度分布尺度很广，南起海南三亚，北至福建龙海，也是一种适温能力很强的红树植物。

总之，目前的防城港核电厂温升幅度对本区域红树植物种类分布未产生负面影响，三期机组运行之后的 1 ～＜ 2 ℃温升也不会对本区域红树植物种类分布产生负面影响。

9.4.2　温排水对红树林群落的影响分析

红树林的演替，主要是土壤基质、盐度、浸淹程度与红树林本身的相互适应与相互作用，不同的红树林群落类型在潮间带大致与海岸线平行呈带状分布，是多项影响因素作用的综合结果。对于广西红树群落类型，李信贤等（1991）划分为 10 个群系 19 个群落类型，梁士楚（2006）则提出将广西红树群落分为海岸红树群落和海岛红树群落两大生态类群，划分为 8 个群系 15 个群落类型，组成种类主要有白骨壤、桐花树、秋茄、红海榄、木榄、海漆、老鼠簕和银叶树等 8 种，这些种类形成单优势种或 2 个共建种的红树植物群落。广西海岸红树群落的演替进程中，通常以白骨壤或桐花树为先锋树种，率先在外滩形成先锋群落，木榄是演替后期的主要优势树种，秋茄和红海榄则是演替中期和中后期阶段的优势树种。

专项调查结果表明，参照林区的样方群落中主要生长桐花树、白骨壤和秋茄共 3 种红树植物，群落类型包括桐花树群落、白骨壤群落、白骨壤 – 桐花树群落、桐花树 + 秋茄 + 白骨壤群落、桐花树 + 秋茄群落等 5 个类型。影响林区的样方群落中同样主要生长桐花树、白骨壤和秋茄等 3 种红树植物，群落类型包括桐花树群落、白骨壤群落、白骨壤 – 桐花树群落、桐花树 + 白骨壤群落、白骨壤 + 桐花树群落、桐花树 + 白骨壤 + 秋茄群落等 6 个类型。两个林区的现状红树植物物种分布、种类组成及群落类型很接近，群落演替方向都表现出以桐花树或白骨壤为建群种，逐渐向秋茄群落发展的趋势。

比较 2017 年与 2022 年参照林区处在 3 ～＜ 4 ℃温升区的 QZ09 和 QZ10 样方群落数据，比较 2015—2022 年影响林区处在 2 ～＜ 3 ℃自然温升区的 FC10 样方群落数据，均得出"群落种类组成不变，优势种及群落类型稳定，群落状况趋好"的结论。因此，可判断温排水对本地区红树林群落无明显的负面影响。

9.4.3 温排水对红树植物光合作用的影响分析

温度是植物光合作用的主要环境决定因素之一。一般来说，植物可在 10～35 ℃的温度下正常地进行光合作用，25～30 ℃最适宜，超过 35 ℃光合作用下降，40～50 ℃时即完全停止，而高于 45 ℃时大多数植物都表现出不可逆的光合损伤。在 30～45℃，尤其是在 35～42 ℃时，光合能力会有所下降，但这些降低通常是可逆的（史小芳，2012）。

红树林属于热带 - 亚热带树种，一般认为全球气候变暖将有利于红树林的生长和向低温地区扩散。本次调查发现影响林区主要树种桐花树、白骨壤和秋茄的叶片面积、叶片干重和叶绿素含量均显著低于参照林区，参照林区叶片光合能力较高。说明适当幅度的温升对于红树光合能力起到一定的促进作用。

9.4.4 温排水对红树植物物候的影响分析

2022 年 6 月中旬至下旬，影响林区红树植物物候表现为除 FC08 样方的桐花树处在营养期外，大部分样方的桐花树植株处在幼胚轴期。FC07、FC08、FC09 和 FC10 样方的大部分白骨壤植株处在营养期，其他 4 个站位的白骨壤植株处在花期。FC08 样方的秋茄植株处在营养期，FC01、FC04 和 FC05 样方的秋茄植株为花期，FC06 样方的秋茄植株为幼胚轴期。

同期参照林区红树植物的物候表现为参照林区的 QZ13 样方中 90.1% 的桐花树植株处于营养期，其他样方的桐花树植株均处在幼胚轴期；QZ05、QZ11 和 QZ13 样方白骨壤植株大部分处于营养期，其他样方的白骨壤植株处在花期；QZ06、QZ11 和 QZ13 样方的秋茄植株处于营养期，QZ05 和 QZ07 样方的秋茄植株处于花期，其他样方的秋茄植株处于幼胚轴期。

比较可知两个林区红树物候较一致：多数桐花树植株处在幼胚轴期，少数处在营养期；白骨壤植株处在营养期至花期，两类比例接近；秋茄植株物候呈现多态性，营养期、花期和幼胚轴期 3 种情形同时存在。同时，参照林区各温升区观察不到较高温升区红树植物的物候期提前或推迟的表现。

9.5 主要结论

9.5.1 红树林分布动态变化及基线状况

（1）历史上填海造地等人为活动造成参照林区红树林较大面积损失。参照林区截至 2022 年 7 月共有红树林 165.64 hm²，斑块数量为 277 个，分布在＜ 0.5 ℃和 0.5～

＜ 1 ℃、1 ～＜ 2 ℃、2 ～＜ 3 ℃、3 ～＜ 4 ℃温升区的红树林分别有 61.06 hm²、11.86 hm²、64.81 hm²、23.03 hm² 和 4.88 hm²。2007—2022 年，填海造地、围海养殖、其他人为活动、自然增长和生态修复导致红树林变化分别为：－ 13.90 hm²、－ 11.89 hm²、－ 6.28 hm²、4.73 hm² 和 2.42 hm²，净减 24.92 hm²，损失率为 13.08%，年均损失率为 0.93%。

（2）2007—2022 年，防城港核电厂温排水影响林区红树林面积小幅度增长。影响林区模拟温升 1 ℃范围内现有红树林 28.31 hm²，斑块数量 35 个。其中模拟 1 ～＜ 2 ℃温升区 26.91 hm²；模拟 2 ～ 3 ℃温升区 1.40 hm²。2007—2022 年影响林区红树林面积先减少后增加，自然增长 4.49 hm²，填海造地等人为活动导致减少 1.72 hm²，净增 2.92 hm²，变化率为 11.50%，年均变化率为 0.73%，斑块数量净减 1 个，平均斑块面积从 0.71 hm² 增加至 0.81 hm²。

9.5.2 红树林生长状况基线水平

（1）研究区域红树林具有明显的河口红树林特征，林分以原生林为主，生长良好、成熟稳定。研究区域以桐花树或白骨壤为建群种，低盐度海域以桐花树为主，高盐度海域以白骨壤占优，桐花树常与白骨壤、秋茄等其他树种混生，群落类型有桐花树群落、白骨壤群落、白骨壤－桐花树群落、桐花树＋白骨壤＋秋茄群落及桐花树＋秋茄群落等。两个林区物种组成及群落类型相同，以桐花树或白骨壤为建群种、逐渐向秋茄群落发展的演替方向是一致的；红树群落多样性指数均较低，变化范围相近，两个林区之间的 4 类多样性指数均无显著性差异。

（2）局部样地的历史与现状群落学数据对比表明区域红树林群落稳定持续发展。将影响林区 FC10 样方、参照林区 QZ09 及 QZ10 样方的现状数据与历史数据对比显示，虽然 FC10 样方处于 3 ～＜ 4 ℃自然温升区，参照林区 QZ09 和 QZ10 样方处于国投钦州电厂实际 3 ～＜ 4 ℃温升线范围内，但 3 个样方的群落种类组成、优势种及群落类型均维持稳定，群落密度和平均株高总体呈上升趋势。根据本海区的现有数据分析，温排水或自然导致的 3 ～＜ 4 ℃温升，对钦州湾红树林群落无明显的负面影响。

（3）幼苗生物量结构处于正常水平。两个林区内相同树种的幼苗生物量结构一致，均为桐花树和白骨壤幼苗的茎占比高于根占比和叶占比，秋茄以胚轴占比高。

（4）一定幅度的温升对红树叶片光合能力起促进作用。影响林区主要树种桐花树、白骨壤和秋茄的叶片面积、叶片干重和叶绿素含量，均显著低于参照林区。参照林区叶片光合能力较高，表明目前的温升幅度对红树植物光合能力产生了积极的促进作用。

（5）红树植物物候没有受到温排水的明显影响。影响林区和参照林区的多数桐花树植株处在幼胚轴期，少数为营养期；白骨壤植株处在营养期至花期，两类各半；秋茄则营养期、花期和幼胚轴期同时存在。据目前观察分析，两个林区红树植物物候一致，较高温升没有造成明显的物候期提前或推迟。

9.5.3 红树林非生物因素较适宜

（1）水温。海域水温上升除受温排水影响外，潮水经潮间带滩涂自然增温也会导致红树林区水温高于本底水温。核电三期温升对红树群落稳定发展不会造成明显的负面影响。

（2）盐度。影响林区渗出水盐度在 7.770 ～ 22.412，林外滩涂上覆水盐度在 10.882 ～ 18.065；参照林区渗出水盐度在 8.843 ～ 15.974，林外滩涂上覆水盐度在 2.888 ～ 10.333。钦州湾大部分为河口水域，盐度条件适合红树林生长，是广西自然生长红树林分布面积最大的河口湾。

（3）近底流速。影响林区平均近底流速范围为 4.66 ～ 13.79 cm/s，属偏低水平，不足以对目前现有红树林的正常生长和生境维持造成明显的影响。

（4）淹水时长。影响林区淹水时长范围为 10.00 ～ 14.27 h，红树林均适应这种较大范围的淹水时长变化幅度。核电厂北部站位的淹水时长比南部站位的长，主要受到水动力和地形地貌影响。

（5）沉积物粒度。影响林区和参照林区的沉积物类型主要以砂质粉砂和粉砂质砂为主，中值粒径变化范围较接近，平均值差异很小。两个林区沉积物粒度组成特征基本一致，均适宜红树林生长。

（6）沉积物肥力。除 QZ10 站位的综合肥力等级属第Ⅲ级（一般土壤）外，其余站位均属第Ⅳ级（贫瘠土壤）。沉积物肥力与自身理化性质及营养物质来源有关，温升对沉积物肥力无明显影响。调查区域红树林以先锋树种桐花树和白骨壤为主体，对营养物质要求不高。

9.5.4 红树林生物环境因素受到影响较小

（1）调查区域红树林大型海藻丰富。影响林区和参照林区红树林的海藻种类、种数和优势种均一致，海藻附着高度、覆盖度及生物量相近。红树林大型海藻附着高度主要受淹水时长影响，其覆盖度和生物量主要受区域水动力状况影响。温升可提高海藻群落的种类多样性，且对优势海藻不会产生明显的负面影响。

（2）红树林大型底栖动物群落种类组成较丰富，以甲壳类物种最多，但部分群落受到一定扰动。沉积物类型、红树群落类型、盐度等因素是引起大型底栖动物群落参数差异的主要原因。水温与大型底栖动物群落参数均没有显著的相关关系。据现有数据分析,核电三期温排水造成的温升没有超出大型底栖动物的耐受范围,温排水对大型底栖动物不会造成明显的负面影响。

(3)调查区域各站位受到不同程度的虫害。白骨壤是钦州湾虫害最严重的红树植物。滨海工程建设密集区周边红树林虫害最严重。据现有观测资料分析,温排水对红树林虫害的促进作用不明显。

(4)污损动物危害状况不严重。在影响林区,理化因素指标和生物因素指标对污损动物附着密度和覆盖度的影响均不显著;在参照林区,林外滩涂上覆水盐度对覆盖度的影响显著,其他因素影响不显著。表明水温因素对红树林污损动物的影响很小。

9.5.5　高度重视人为影响因素

填海造地和围海养殖是调查区域红树林短期突然消失的主要原因,水土流失、水动力改变等造成缓发渐进式破坏。养殖废水不经处置直接排海,诱发团水虱繁殖,钻蚀红树植株致其死亡,同时还引起林下底栖动物群落结构变化。滩涂大蚝养殖、滩涂埋栖贝类养殖、大拦网捕鱼等活动限制了红树林自然扩散。台风打散或养殖户废弃的棚排竹木、泡沫浮子压坏损毁植株器官和植株。放养家鸭、滩涂采捕等导致红树林矮化、稀疏化及生物多样性降低。

9.5.6　红树林生态系统服务功能受到影响轻微

从专题调查结果分析,核电三期温排水对红树林资源、生境和生态系统不造成明显的影响,环境风险很低。因此,可认为温排水对红树林生态系统的资源供给功能、支持功能、调节功能、人文功能等方面影响轻微。

9.5.7　总结

可判断,防城港核电厂三期温排水不会对1℃温升线范围内的红树林生态造成不可接受的影响。局部林区的历史与现状群落学数据对比显示,温排水或自然导致的3～<4℃温升对本地区红树林群落无明显的负面影响。同时可看到,滨海工程建设密集区的虫害相对较严重,底栖动物群落稳定性不高,应引起足够的重视。总体来说,三期温排水对红树林生态系统结构与服务功能的影响轻微。在三期工程建设过程中,用海主体应以高度负责的态度严格落实生态用海和生态保护修复责任,采取严密的生态环境保护措施,实行有效的生态环境监理制度,执行严格的项目用海管控,开展系统全面的生态环境跟踪监测,确保核电温排水影响范围内红树林生态系统结构与功能

稳定，从而维持近海海洋生态系统的健康和持续发展。

9.6 调整红树林生态保护红线区管控要求的合理性分析

据测算，防城港核电厂一期工程建成后每年为北部湾经济区提供 150 亿 kW·h 安全、清洁、经济的电力。与同等规模的燃煤电站相比，一期机组每年可减少标煤消耗 48 万 t，减少二氧化碳排放量约 1000 万 t，减少二氧化硫和氮氧化物排放量约 19 万 t，环保效益相当于新增了 3.25 万 hm^2 的森林，可见一期及其后续工程对实现"双碳"目标、保护生态环境起到重要的积极作用。防城港核电一至三期均被列为国家级规划的重大项目，相关用海用地需求已纳入广西各级国土空间规划中予以保障。根据 2024年 2 月广西壮族自治区人民政府批复的《防城港市国土空间总体规划（2021—2035 年）》和《钦州市国土空间总体规划（2021—2035 年）》，防城港核电项目周边海域的海洋功能区类型主要有生态保护红线区、渔业用海区、交通运输用海区、游憩用海区、海洋预留区等。如何既保障功能区主体功能的发挥，又保障国家基础能源的稳定发展？答案是在坚持生态优先的前提下，科学谋划生产生态生活空间的合理布局。

历史上《广西壮族自治区海洋功能区划（2011—2020 年）》与《广西壮族自治区近岸海域环境功能区划调整方案》（桂政办发〔2011〕74 号）相符相容，在科学管控项目用海上发挥了重要作用。对照海洋功能区划，红树林分别从属于不同类型的海洋功能区管理，水质环境管控要求包括了一至四类水质四个等级。在新时期坚持新发展理念，紧扣自然资源"两统一"职责，守住发展和生态"两条底线"，国土空间规划对红树林生态保护红线区制定了严格的管控要求。在广西国土空间规划中，红树林原则上全部纳入了生态保护红线区；并考虑广西众多的红树林生态保护红线区零散分布于其他功能区内的现实，对管控要求中的水质环境要求不固定设为一类或者二类，而是以不影响生态系统健康为原则，参照周边海洋功能区实施管理。防城港核电三期导致夏季温升 1 ～＜ 2℃和 2 ～＜ 3℃范围内分别有红树林 26.91 hm^2 和 1.40 hm^2，据现有数据资料判断，即使温升 2 ～＜ 3℃也不会对钦州湾当地红树林产生不可接受的负面影响。因此，建议相关管理部门调整防城港核电三期夏季温升 1℃范围内红树林生态保护红线区的海水温升管理要求，许可核电温排水造成的海水温升 1℃海域按三类水质标准管理，其他环境质量因子的管理标准保持不变，是具有科学依据的。

第十章　减缓影响的保护措施

区域性的海岸带生态环境健康问题,需要政府、社区、企事业单位、志愿者的共同参与和行动,群策群力、综合施策才能保障红树林生态健康与稳定发展。除了按照《海域使用论证报告书》《环境影响评价报告书》针对防城港核电三期工程提出的减缓环境影响对策措施,还要根据红树林自身特点设计和细化各项保护措施。

10.1　加强影响范围红树林生境保护

为最大限度降低核电工程建设对红树林生长环境的不利影响,建议采取不限于以下的生态环境保护管理措施:

(1)加强流域性和重点污染源水质管控。根据钦江、茅岭江流域水生态环境功能要求,组织开展流域干流、支流的保护与修复,因地制宜建设人工湿地、水源涵养林、沿河沿湖植被缓冲带和隔离带等生态环境治理与保护工程,整治黑臭水体,提高流域环境资源承载能力。同时针对排污口、船舶、养殖区等重点污染源精准施策,切实降低水体富营养化水平,采取釜底抽薪的办法显著降低"赤潮""绿潮"暴发概率和危害程度。

(2)严格项目用海审批。加强国土空间用途管制,严守生态保护红线,提高环境准入门槛,严格限制在生态脆弱敏感、自净能力弱的海域实施显著改变区域水动力条件及环境容量的海岸工程。

(3)跟踪实施项目海域使用动态监管和生态监管。建设"天空地一体化"的红树林生态监测网络体系,充分发挥地面生态系统、环境、气象、水文水资源、水土保持、海洋等监测站点和无人机卫星遥感的作用,依托海域动管系统、生态环境监管平台和海洋大数据中心,运用云计算、物联网等信息化手段,全面掌握海域使用情况、红树林资源动态变化情况和保护恢复情况,并定期向社会公布红树林资源状况。

(4)加强巡查和处罚力度。严格执行《中华人民共和国湿地保护法》《广西壮族自治区红树林资源保护条例》等保护红树林的法律法规,严厉打击各种破坏红树林资源的违法犯罪行为,对重大或典型破坏红树林资源的案件,在依法严肃查处的同时,要通过新闻媒体予以曝光。设立群众举报热线、举报箱,发动周边群众参与到红树林保护行动中,对毁林行为及时制止,有效保护和发展红树林资源。

（5）加强爱护红树林宣传教育。推进红树林保护意识教育基地、海洋科普基地建设，打造社会、学校、家庭三位一体的教育网络。联合各方力量推广红树林保护主题户外实践和体验活动，围绕世界海洋日、世界环境日、世界湿地日、全国防灾减灾日、爱鸟周等节日开展主题活动，充分宣传湿地保护法、红树林保护条例、红树林科普知识等内容，促进绿色生产生活方式养成，形成全民爱护红树林的社会风尚。

10.2 密切监测红树林湿地系统变化

由于长期适应于热带－亚热带潮间带生境，红树林发育出一套抵御潮间带高盐、高温的机制，产生了高度的生态适应。生境水温提高一定幅度，未必会对区域内红树林造成负面影响，有时反而会促进红树植物生长，但必须保持一个适当的"度"，超过这个"度"则势必对红树林生存生长造成不利影响。除直接围填海外，导致红树林大面积突发性死亡的原因主要有海洋污染、病虫害、极端气候、海岸工程导致水文条件剧变等。为及时了解和掌握项目建设与运营对红树林的影响，以便采取完善和补救措施，确保把对红树林的影响降至最低，应实施影响海域系统性监测，掌握生态系统变化及其与影响因素的关系，定期将监测结果向林业、海洋、生态环境等相关行政主管部门汇报。如有异常情况应立即汇报，及时全面做好技术支撑工作。可委托具备相应技术力量的第三方专业机构实施生态监测工作，受委托监测机构编制监测实施方案，并报当地相关主管部门审批后组织实施。

2022年4月，自然资源部办公厅下发《自然资源部办公厅关于进一步规范项目用海监管工作的函》（自然资办函〔2022〕640号），明确要求加强生态监管工作，"加强对相关用海主体开展生态保护修复和生态跟踪监测的监督检查"，"督促用海主体严格落实生态用海责任"，并对红树林等典型海洋生态系统的生态跟踪监测做出具体要求。应按照《项目用海生态保护修复实施方案编制指南》原则要求，根据用海批复中生态跟踪监测的指标、站位和频率要求，结合项目实际情况，确定具体监测范围、固定样地布局、监测时间、监测方法、全过程质量控制措施等，明确监测方法及其技术标准，长期开展系统全面、重点突出、时效性强的海洋生态监测，充分利用本次基线调查成果，评价项目建设和运行对红树林生态系统的影响。在此基础上形成监测评价报告，定期向相关主管部门上报监测结果。

在此，建议红树林湿地生态影响评价监测的内容及指标体系如下：

（1）水环境监测指标：水温、盐度、pH、其他特征污染物（必要时）。

（2）水动力监测指标：近底流速、流向、淹水时长。

（3）沉积环境监测指标：滩涂高程、沉积速率、粒度、完整度、pH、有机碳、总氮和总磷、其他特征污染物（必要时）。

（4）红树群落监测指标：群落密度、胸径或基径、株高、覆盖度、林班面积和形状、种群物候、林下和林外幼苗种类及密度。

（5）红树植物叶性状监测指标：叶片的面积、重量、叶绿素含量。

（6）红树林湿地底栖动物群落监测指标：种类、密度、生物量、蟹洞密度。

（7）红树林敌害生物监测指标：虫害种类、虫口密度和受害面积；污损动物的种类、附着高度、覆盖度；团水虱的钻蚀高度和钻孔密度；大型海藻的种类、覆盖度、生物量；入侵生物的种类、覆盖度。

跟踪监测以基线调查数据为基点，定期采集各监测指标的变化动态数据，对比判断工程前后趋势性变化。目前，绝大部分的红树林生态影响评价报告的评价流程基本到此结束，根本原因是缺乏具体指标的评价标准、权重赋值、综合指数及其等级划分，无法判断生态系统受到的综合影响。项目组认为评价不应止步于此，因此，起草发布海岸工程对红树林生态影响监测与评价技术标准，是非常必要且紧迫的。

10.3　编制环境管理和生态修复方案

生态环境管理方案应包含常态性管理和突发性管理内容。

常态性管理应包括但不仅限于水质、固废、水温、红树林、海岸带等方面的管理。依法依规管理红树林，按照《中华人民共和国湿地保护法》《广西壮族自治区红树林资源保护条例》等的规定要求，逐级落实管理和保护红树林责任，建立健全巡护检查制度，严格落实各项生态环境保护措施，及时发现和制止破坏红树林资源的行为。实施海岸带综合管理，阻隔和减少来自于陆地的污染物入海。各种海岸带开发利用活动势必对海湾生态系统健康造成或大或小的影响，因此要加强红树林湿地周边海岸带的监督、管理和执法，从根源上杜绝损害红树林的行为发生。

突发性损害并不是不可预测和无法防范的，高度、充分重视潜在风险，是首先必须具备的态度。可依据工程建设性质加强预判预测，针对极端高温和特征污染物制定相关的应急预案，充分准备相关设施设备，必要时开展演练探讨，确保防患于未然。如有条件，可成立专门的红树林应急处置小组，保证在发生异常突发事故时第一时间赶赴现场调查取证，找出事故发生原因，并采取有效的措施修复红树林生境。

如果发现一定数量的红树林受损或死亡，应尽快查找造成损失的原因，科学制定补植方案，按毁坏面积的 3 倍进行补植，及时实施补植工作。具体方案按照自然资源部下发的《项目用海生态保护修复实施方案编制指南》相关要求进行编制。在改善造林地生境的基础上，根据实际情况选择树种，严禁种植外来植物，丰富物种多样性及层次多样性，提升红树林复杂程度。同时，补种后要加强管护，定期监测红树林生长状况，发现如病害、虫害、受灾等情况要马上处理，并及时上报相关管理部门。

10.4 构建多层次海岸带生态共同体

新发展阶段的海岸带，既是绿色生态廊道、综合交通廊道、历史文化廊道，也是休闲旅游廊道、美丽经济廊道，是由海洋、海岸、人工构筑物、生物和人一起组成的生态共同体。以红树林为核心，结合其他类型的植被，构建稳定的海岸带生态综合体，有助于提升海岸带结构和功能稳定性，提高生态系统自我恢复能力。核电周边海域红树林滩涂的动物种类和数量较丰富，显著提升了沉积环境的通透性，这是红树林湿地生态系统协同进化的重要特征，也是红树林生态系统健康的显著标志。应加强滩涂经济动物采捕活动的管理，防止潮间带动物功能群结构失衡。

应保留适当的荒野遗留，构建由红树林、裸滩、潮沟、咸水湖、滨后乔灌草等构成的完整生态链条，推动形成结构多样、功能稳定的多层次自然生境，满足滨海鸟类、陆生脊椎动物、益虫等生存需要。依据游禽、涉禽喜在滨水的草丛栖息、在水中觅食的生活习性，留下足够的潮间带裸滩及浅水区作为其觅食场所，在海岸上配置多样化的矮小灌木和沼生草本植物作为水禽的筑巢区，营造岸上筑巢繁殖、滩涂觅食休憩的水禽鸟类栖息地，吸引其前来觅食和定居。完整、复杂、稳定、健康的海岸带生态系统，可显著降低红树林虫害发生概率及危害程度。

10.5 防范治理有害生物入侵及危害

在广西，红树林病虫害已呈现普遍多发、多种齐发的趋势，必须加强病虫害防控。应积极贯彻"预防为主、治早、治小、控制蔓延不成灾"的病虫害防治方针，加强红树林病虫害防控体系建设，确保红树林生态系统健康。坚持以生物防治和物理防治为主，减少常规农药防治，还可利用无人机投放天敌昆虫和生物制剂等先进技术，控制红树林食叶害虫。完善、更新太阳能杀虫灯等红树林虫害防治设施，提升物理诱捕诱杀害虫的能力。在海岸带营造半红树林带、公路绿化带甚至鸟山、鸟岛、鸟林，招引容留有益昆虫和鸟类。减少海鸭养殖和海水养殖污染物排放，在提升海水水质的同时，积极防范浒苔、团水虱、萨氏仿贻贝等有害生物滋生成灾。在观察到有害生物成灾苗头时，应及时通报，并组织相关人员采取人工摘除、物理防治、高效低毒药剂防除等环境友好型方法，迅速灭杀各类有害生物。

应彻查区域性外来物种分布状况，加强潜在外来物种入侵风险管控。近年来在广西呈蔓延扩散势头的外来入侵生物——互花米草，早已越过钦州湾西进到防城港市企沙镇山新村海岸滩涂，与防城港核电厂区直线距离约 9.3 km。互花米草高速繁殖抢占滩涂扩展能力极强，侵占包括红树林在内的海洋生物栖息环境，影响海水交换能力致使港口海湾淤积，引发海水质量下降。虽然在三期温升 1 ℃海区未发现互花米草，但是应高度重视防范互花米草入侵。在长达 20 多年的人工协助下，无瓣海桑已高度适应钦州湾的生境条件，表现出极强的繁殖能力和扩展能力，逐渐呈现入侵态势。目前在核电进水口（FC07 样地）和飞斗篷村（FC10 样地）滩涂分别有 5 株和 1 株无瓣海桑健康生长，很可能还有更多隐藏在林冠下的无瓣海桑幼苗幼树没有被发现，在今后不断突出林冠，与本土物种竞争空间资源和物质资源，甚至替代本土物种群落。上述 2 个站位在核电厂范围内，没有人工造林记录，无瓣海桑种子显然来自进水口外的海域。建议相关部门将钦州湾作为一个整体来积极谋划解决外来生物入侵问题。

参考文献

蔡泽平，陈浩如，2005.大亚湾两种重要经济虾类热效应［J］.生态学报，25（5）：1115-1122.

陈国宝，李永振，陈新军，2007.南海主要珊瑚礁水域的鱼类物种多样性研究［J］.生物多样性，15（4）：373-381.

陈鹭真，2005.红树植物幼苗的潮汐淹水胁迫响应机制的研究［D］.厦门：厦门大学.

陈鹭真，王文卿，张宜辉，等，2010.2008年南方低温对我国红树植物的破坏作用［J］.植物生态学报，34（2）：186-194.

陈鹭真，杜晓娜，陆銮眉，等，2012.模拟冬季低温和夜间退潮对无瓣海桑幼苗的协同作用［J］.应用生态学报，23（4）：953-958.

丁珌，黄金水，方柏州，等，2003.红树林丽绿刺蛾的抗逆性研究［J］.林业科学，39（S1）：198-202.

丁兰平，黄冰心，谢艳齐，2011.中国大型海藻的研究现状及其存在的问题［J］.生物多样性，19（6）：798-804.

范航清，刘文爱，钟才荣，等，2014.中国红树林蛀木团水虱危害分析研究［J］.广西科学，21（2）：140-146，152.

范航清，陆露，阎冰，2018.广西红树林演化史与研究历程［J］.广西科学，25（4）：343-351.

范航清，邱广龙，2004.中国北部湾白骨壤红树林的虫害与研究对策［J］.广西植物，24（6）：558-562.

范航清，张云兰，邹绿柳，等，2022.中国红树林基准价值及其单株价值分配研究［J］.生态学报，42（4）：1262-1275.

广西红树林研究中心，2020.合浦县白沙镇榄根村红树林死因及生态恢复方案技术报告［R］.

广西红树林研究中心，2022.钦州港水井坑红树林保护修复方案［R］.

国家环保总局，2003，关于发布中国第一批外来入侵物种名单的通知：环发〔2003〕11号［A］.（2003-01-10）［2024-01-16］.

何斌源，2002.红树林污损动物群落生态研究［J］.广西科学，9（2）：133-137.

何斌源，2009.全日潮海区红树林造林关键技术的生理生态基础研究［D］.厦门：

厦门大学.

胡德良，杨华南，2001.热排放对湘江大型底栖无脊椎动物的影响［J］.环境污染治理技术与设备，2（1）：25-27，8.

黄星，辛琨，王薛平，2009.我国红树林群落生境特征研究简述［J］.热带林业，37（2）：10-12.

蒋朝鹏，徐兆礼，陈佳杰，等，2016.秦山核电温排水对鱼类分布的影响［J］.中国水产科学，23（2）：478-488.

蒋学建，罗基同，秦元丽，等，2006.我国红树林有害生物研究综述［J］.广西林业科学，35（2）：66-69.

金岚，1993.水域热影响概论［M］.北京：高等教育出版社.

李俭平，赵卫红，付敏.等，2010.氮磷营养盐对浒苔生长影响的初步探讨［J］.海洋科学，34（4）：45-48.

李信贤，温远光，何妙光，1991.广西红树林类型及生态［J］.广西农学院学报，10（4）：70-81.

李云，郑德璋，廖宝文，等，1997.盐度与温度对红树植物无瓣海桑种子发芽的影响［J］.林业科学研究，10（2）：137-142.

李志刚，戴建青，叶静文，等，2012，中国红树林生态系统主要害虫种类、防控现状及成灾原因［J］.昆虫学报，55（9）：1109-1118.

梁士楚，2000.广西红树植物群落特征的初步研究［J］.广西科学，7（3）：210-216.

林鹏，1984.红树林［M］.北京：海洋出版社.

林鹏，陈贞奋，刘维刚，1997.福建红树林区大型藻类的生态学研究［J］.Acta Botanica Sinica，39（2）：176-180.

林鹏，韦信敏，1981，福建亚热带红树林生态学的研究［J］.植物生态学与地植物学丛刊，5（3）：177-186.

刘文爱，范航清，2009.广西红树林主要害虫及其天敌［M］.南宁：广西科学技术出版社.

刘文爱，李丽凤，2017.白骨壤新害虫柚木肖弄蝶夜蛾的生物特性及防治［J］.广西科学，24（5）：523-528.

卢昌义，高海燕，陈光程，等，2005.盐渍和水渍对高等植物的联合作用［J］.厦门大学学报（自然科学版），44（S1）：69-74.

史小芳，2012.红树植物秋茄叶片性状和光合能力的纬度差异［D］.厦门：厦门大学：25-40.

隋淑珍，张乔民，1999.华南沿海红树林海岸沉积物特征分析［J］.热带海洋学报，18（4）：17-23.

田慧芳，2022.全球核能发展的现状与趋势［J］.世界知识（4）：48-50.

王斌，陈新平，陈顺洋，等，2020.海岸带生态减灾修复技术导则 第2部分：红树林：T/CAOE 21.2-2020［S］.

王文卿，王瑁，2007.中国红树林［M］.北京：科学出版社.

习龙，2014.东寨港自然保护区红树林与光滩剖面地下水水化学特征分析［D］.北京：中国地质大学.

厦门大学，2014."漳州核电工程温排水对红树林自然保护区影响的研究"项目成果报告［R］.

邢永泽，周浩郎，阎冰，等，2014.广西沿海不同演替阶段红树群落沉积物粒度分布特征［J］.海洋科学，38（9）：53-58.

杨盛昌，林鹏，1998.潮滩红树植物抗低温适应的生态学研究［J］.植物生态学报，22（1）：60-67.

杨玉楠，刘晶，王瑶，2018.危害我国红树林的团水虱的生物学特征［J］.应用海洋学学报，37（2）：211-217.

叶勇，卢昌义，胡宏友，等，2004.三种泌盐红树植物对盐胁迫的耐受性比较［J］.生态学报，24（11）：2444-2450.

俞冀阳，俞尔俊，2012.核电厂事故分析［M］.北京：清华大学出版社.

曾建新，杨年保，2013.我国核电技术发展的路线选择问题演变与启示［J］.学术界（2）：204-215，287.

张乔民，隋淑珍，张叶春，等，2001.红树林宜林海洋环境指标研究［J］.生态学报，21（9）：1427-1437.

张娆挺，1984.中国海岸红树植物区系研究［J］.厦门大学学报（自然科学版）（2）：232.

张韫，廖宝文，杨丽芳，等，2022.红树林中乡土伴生藤本植物鱼藤研究概述［J］.湿地科学，20（3）：421-426.

张晓红，2011.温度、盐度等环境因子对浒苔（*Enteromorpha prolifera*）及繁殖体生长的影响［D］.青岛：国家海洋局第一海洋研究所.

赵素芬，2022.海藻生物学［M］.北京：中国环境出版集团.

郑德璋，廖宝文，郑松发，等，1999.红树林主要树种造林与经营技术研究［M］.北京：科学出版社：6-28.

中国海湾志编纂委员会，1993.中国海湾志第十二分册：广西海湾［M］.北京：海洋出版社.

AZIZ I，KHAN M A，2001. Experimental assessment of salinity tolerance of *Ceriops tagal* seedlings and saplings from the Indus delta，Pakistan［J］. Aquatic botany，70（3）：259-268.

CHAPMAN V J, 1975. Mangrove biogeography ［C］// WALSH G E, SNEDAKER S C, TEAS H J. Proceedings of the international symposium on biology and management of mangroves . Gainesville: University of Florida: 3-22.

CHAPMAN V J, 1976 . Mangrove vegetation ［M］. Heidelberg: Strauss & Crarner Gmbt . 10-301 .

CHAPMAN V J, 1977. Introduction ［C］// CHAPMAN V J . Ecosystem of the world Ⅰ: wet coastal ecosystems. Amsterdam: Elsevier Science Publication Company: 1-29.

CURRAN M, 1985. Gas movements in the roots of *Avicemnia marina*（Forsk）Vieh ［J］. Australian Journal of Plant Physiology , 12: 97-108.

DE LANGE W P, DE LANGE, P J, 1994. An appraisal of factors controlling the latitudinal distribution of mangrove（Avicennia marina var. resinifera）in New Zealand ［J］. Journal of Coastal Research, 10（3）: 539-548.

EISMA DOEKE, 1998. Intertidal Deposits: River Mouths, Tidal Flats, and Coastal Lagoons ［M］. London: CRC Press.

ELLISON A M, FARNSWORTH E J, 1992. The ecology of Belizean mangrove-root fouling communities: Patterns of epibiont distribution and abundance, and effects on root growth ［J］. Hydrobiologia（247）: 87-98.

PERRY M D, 1988. Effects of associated fauna on growth and productivity in the red mangrove ［J］. Ecology, 69（4）: 1064-1075.

PURNOBASUKI H, SUZUKI M, 2004. Aerenchyma formation and porosity in root of a mangrove plant, Sonneratia alba（Lythraceae）［J］. Journal of Plant Research, 117（6）: 465-472.

SKELTON N J, ALLAWAY W G, 1996. Oxygen and pressure changes measured in situ during flooding in roots of the grey mangrove Avicennia marina（Forsk.）Vierh ［J］. Aquatic Botany, 54: 165-175.

WALSH G E, 1974. Mangroves: a review ［C］. In: Reimhold R J, Queen W H eds . Ecology of halophytes . New York: Academic Press: 51-174.

YE Y, TAM N F Y, LU C Y, et al, 2005. Effects of salinity on germination, seedling growth and physiology of three salt-secreting mangrove species [J]. Aquatic botany, 83（3）: 193-205.

YE Y, TAM N F Y, WONG Y S, et al, 2003. Growth and physiological responses of two mangrove species（*Bruguiera gymnorhiza and Kandelia candel*）to waterlogging ［J］. Environmental and Experimental Botany, 49: 209-221.

后　记

防城港核电三期论证审查等前期工作进展

本项研究成果首次科学地回答了温排水对红树林生态影响的问题，为防城港核电厂二、三期工程重要工程技术方案的确定及项目关键技术文件的审批提供了坚实的科学基础，为工程建设和运行过程红树林生态环境保护提供了完善的技术依据。至 2023 年 8 月，广西防城港核电厂三期工程 5、6 号机组已经完成前期工程论证，具备核准建设条件。2023 年 12 月 29 日，国务院国有资产监督管理委员会官网发布 2023 年度央企十大超级工程，"华龙一号"西部首堆——中广核广西防城港核电站 3 号机组商运成功入选。

连续三年的红树林生态影响跟踪监测

防城港核电厂依红树林而建，与红树林和谐共生。在习近平生态文明思想的指导下，防城港核电厂牢固树立和践行绿色发展新理念，不断加强红树林生态监测和保护工作。2023 年 5 月 9 日，广西防城港核电有限公司发布"防城港核电厂 2023—2025 年红树林生态监测技术支持服务项目竞争性谈判公告"。广西海洋研究院通过竞争性谈判中标，随即组成项目组，开展现场踏勘，并收集核电厂周边海域历史调查资料，着手细化项目工作大纲和质保大纲提交业主，并获批准。2023 年 8—11 月，广西海洋研究院逐项开展年度野外监测及室内分析测试工作，汇总分析各类数据信息，编写年度监测报告，12 月提交了 2023 年度监测报告。

监测报告显示：2023 年，监测区域红树林群落稳定，且稳中趋好；温排水对红树林生境水温变化影响不明显，水体盐度、pH 水平处在红树植物的适宜生长区间；生境水动力状况变化微小，海区地形地貌没有发生明显的变化；沉积物理化性质、营养条件及肥力状况稳定；大型海藻、大型底栖动物、污损动物群落参数变化很小，且核电温升对其影响不明显；区域性有害昆虫和局部性团水虱为害红树林，与人类活动影响关系密切，应引起高度重视；同时，对外来入侵生物态势应保持高度关注。

海岸工程对红树林生态影响评价技术标准

2023 年 12 月 22 日，国务院发布了《国务院关于〈广西壮族自治区国土空间规划（2021—2035 年）》的批复》（国函〔2023〕149 号），原则同意该规划实施，明确广西"生态保护红线面积不低于 5.04 万 km^2，其中海洋生态保护红线面积不低于 0.17 万 km^2"。2022 年度全国国土变更调查数据显示，广西红树林面积已达 10404.17 hm^2。按照有关法律法规，所有天然生长的和人工种植的红树林面积均为海洋生态保护红线面积，凡是海岸工程要占用或影响到红树林生态系统的，无论其面积大小，均要经过严格的论证审批。

　　2024 年，广西海洋研究院牵头组织了广西林业勘测设计院、广西林业科学研究院和广西海洋环境监测中心站，向广西标准化协会提交了海岸工程对红树林生态影响评价团体标准立项申请材料，并获立项。该系列标准按"1+6"体系设计，由 1 项总则和桥涵架线工程、疏浚工程、海底管线工程、海水利用工程、围填海工程、海堤工程等 6 项分类型标准组成。团体标准的主体框架体系包括用海类型和规模、评价范围、评价等级、生态影响因素识别、评价方法、评价成果等 6 个部分，与《环境影响评价技术导则　生态影响》（HJ 19—2022）技术体系完全相符，是该标准的具体化、专门化和补充完善。起草系列技术导则的目的是分析总结我国红树林生态监测与影响评价的成功经验和存在问题，构建科学合理的海岸工程对红树林生态影响的评价技术方法，规范现状分析、预测分析、综合评价和报告编制等方面的技术标准，为相关管理部门组织审查红树林生态影响报告、海域使用论证报告和环境影响评价报告中红树林相关章节等工作提供技术支撑。可以说，广西在红树林生态影响监测和评价技术的标准化方面又做出积极的新探索，及可预期的新贡献。